柏にあった陸軍飛行場

「秋水」と軍関連施設

柏歴史クラブ代表
上山和雄
編著

芙蓉書房出版

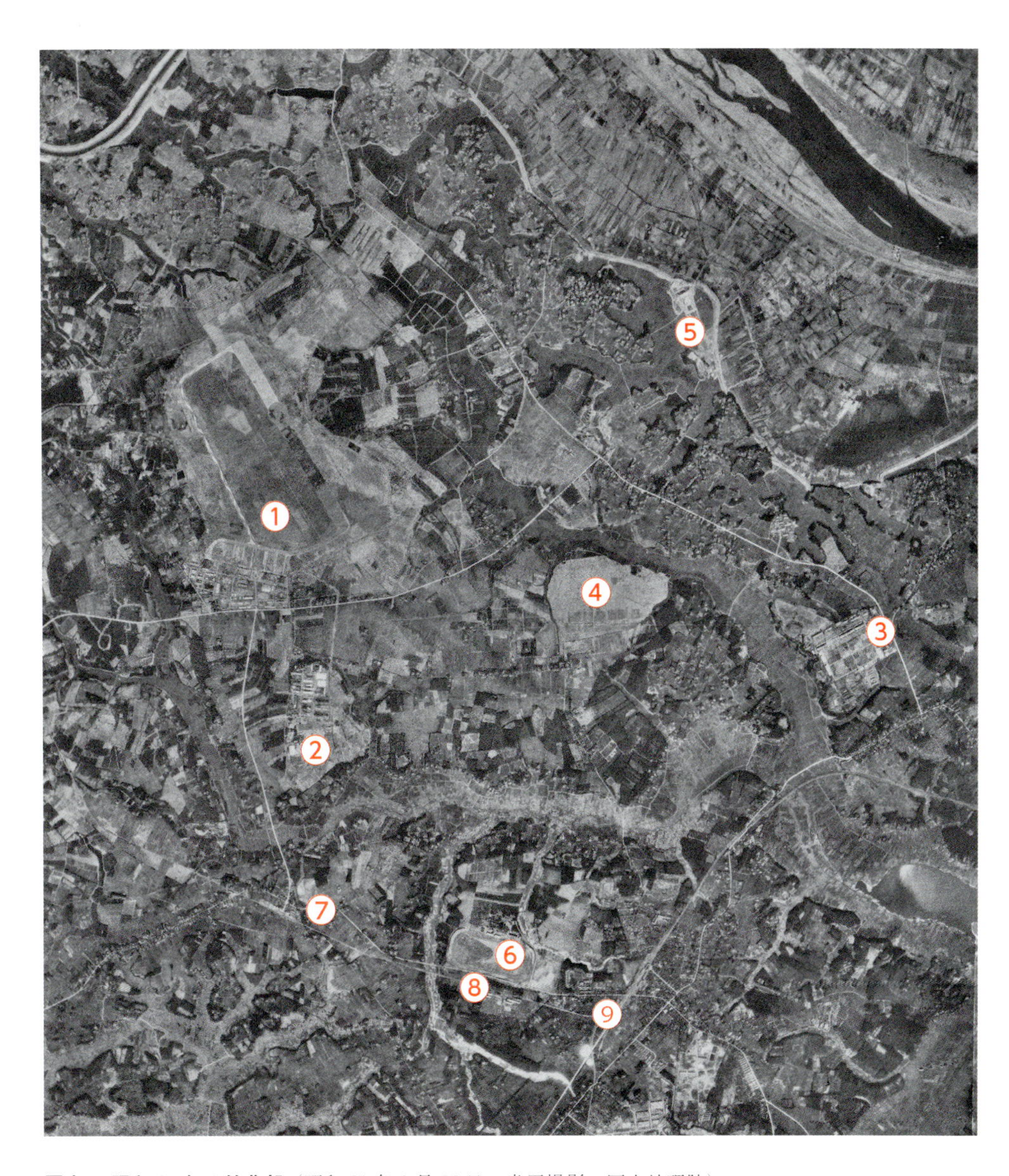

写真1 昭和21年の柏北部（昭和21年3月26日、米軍撮影、国土地理院）
右上（北東）に利根川、左上（北西）に利根運河、下中央から右上手にかけて常磐線が見える。
①柏飛行場（東部105部隊）、②第四航空教育隊（東部102部隊）、③高射砲第二連隊（後の東部83部隊、東部14部隊）、④演習場（鴻ノ巣台、昭和36年から平成5年まで北里研究所付属家畜衛生研究所）、⑤射撃訓練場（現在、陸上自衛隊松戸駐屯地柏訓練場）、⑥柏競馬場跡（現在、豊四季台団地）、⑦東武野田線豊四季駅、⑧気象技術官養成所、⑨常磐線柏駅

写真２ 昭和 23 年の柏飛行場周辺（昭和 23 年 7 月 25 日、米軍撮影、国土地理院）
戦争中の柏飛行場（東部 105 部隊）及び第四航空教育隊の施設がよくうかがえると共に、飛行場の開墾が進んでいる様子もうかがえる。
①L 字形秋水用燃料庫、②掩体壕、③④秋水を秘匿した地点（本文 105 頁参照）

写真３ かつての柏飛行場の正門
正面に見えるのは、陸上自衛隊柏通信所の施設（撮影、平成 27 年 1 月）

写真４ 柏市花野井に残る実戦用秋水燃料庫の地上露出部分（第三章２参照）

写真５ 柏市花野井に残る実戦用秋水燃料庫（第三章２参照）

写真６ 秋水燃料庫の内部（第三章３参照）

写真７ 秋水燃料庫の見学会（平成 26 年 11 月 22 日）

写真８ 柏飛行場の弾薬庫
頑丈な作りの２棟が現存し、１棟の入口扉裏に「第二弾薬庫」と記されている。

写真９ 柏飛行場のガス庫といわれる建物

弾薬庫に似た頑丈な作りの２棟が残り、「圧搾空気室」「雑品庫」という標札が架けられている。外壁には機銃掃射を受けた弾痕が残っている。

写真 10 高射砲第二連隊の訓練用建物（第四章１参照）

写真11 営庭に整列する高射砲第二連隊の兵士（絵ハガキ）

写真12 柏飛行場近くの松林に避難する秋水重滑空機
百瀬博明氏は後列右から３人目
（写真提供・百瀬博明氏）

写真 13 移設された高射砲第二連隊の正門と歩哨所（柏市高野台児童公園）

写真 14 第四航空教育隊の正門（『歴史アルバム』）

写真構成／小林正孝

はじめに

　本書は、「柏歴史クラブ」（旧称、手賀の湖と台地の歴史を考える会）という小さな団体の中に作った作業グループの協働作業によるものです。当会は巻末の「活動記録」に示したように、平成二一（二〇〇九）年に設立以来、千葉県の柏にあった飛行場や軍関係施設の調査を活動の一つの柱にしてきました。そこから始まり、軍施設が集中する原因の一つとなった江戸時代の「牧」とその開墾、江戸・東京近郊の当地域を支えた陸運や舟運、古代・中世の遺跡などについても、知見を広め、深める活動を行っています。

　私たちの現在は、先人の営みによって大きく規定されています。私たちの幸せは、私たちの祖先や先人の努力のたまものであり、また私たちの不幸は偶然ばかりではなく、やはり先人の失敗に基づくものが多く見られます。近い時代の営みが、私たちの現在の社会に大きな影響を及ぼしています。その営みを知ることこそ、現在の私たちを知り、これからの途を探ることにつながっていきます。

　今歩いている路、今車で走っている道、通り過ぎる大きな施設がどのような来歴を経て、私たちの眼前に存在しているのか、私たちが今暮らしている町、今働いている街がどのようにして出来上ったのか。このような疑問を持ちながら、それらの由来を知り、学んでこそ私たちが属するコミュニティに対する愛着もわき、よりよい町や社会をつくろうという意欲がわいてくるのです。

　「柏」は東京都心から三〇キロメートル圏に属し、震災後の昭和初年から人口増加が始まり、戦後復興、高度成長と共に人口が激増します。利根川と江戸川に挟まれた台地と谷戸の低地からなり、台地上を水戸街道が横断し、利根川に沿う東北部の台地上を野田方面から通じる成田街道、南西部を水戸街道から関宿に至る日光東往還が通じ、街道沿いには集落も発達していました。しかし、台地の大部分は山林に覆われ、江戸時代には幕府が必要とする馬を育てる「牧」であったため利用が制限されていました。明治になった後、商人や華族などに払い下げられ、開墾が進んでいきました。

鉄道が通じると、柏駅周辺は変わり始めますが、それ以外はほとんど変わらず、街道沿いの集落と谷戸の低地を耕す集落、広大な林野とそれらを部分的に開拓した畑からなる地域でした。震災後の大正一五（一九二六）年に柏に町制が施行され、広大な山林や未開地を開いて柏競馬場が開設され、観光地・住宅地としての開発もくろまれました。

当地域が大きく変わる契機となったのは、昭和一二（一九三七）年、日中戦争が始まる直前に決まった陸軍柏飛行場の開設です。第一次世界大戦後急速に発達する飛行機に対応する航空戦力の充実、帝都防衛の拠点としての飛行場が必要とされ、陸軍は広大な林野からなり、所有者も限られている田中村十余二（とよふた）の林野をその一つとして選んだのです。日中戦争が始まり、柏飛行場が開設されると、続いていくつもの陸軍施設、軍事関係施設が建設されます。本書ではそれらを可能な限り取り上げ、どんな施設であったかを明らかにしました。

柏飛行場はいくつかの役割を持っていましたが、その中でも特筆されるのは、海軍の横須賀市追浜と並び、ロケット戦闘機「秋水（しゅうすい）」の陸軍の基地となったことです。「秋水」は高々度から日本の都市を無差別に爆撃するＢ29に対する秘密兵器として、軍部が開発を極秘にしていたにもかかわらず、人口に膾炙していました。飛行場周辺から遺構が新たに発見され、本書では「秋水」そのものに加え、柏飛行場と「秋水」について柴田一哉氏がわかりやすい論稿を寄せています。第一次大戦後の航空戦力、防空戦略の変化の中での柏飛行場や諸軍事施設の位置づけなどについては栗田尚弥氏、さらに飛行場の建設や施設、拡張などについては櫻井良樹氏が興味深い論稿を寄せています。また浦久淳子氏は、飛行場周辺に住んでおられた方や分廠で働いていた方にお会いし、興味深い聞取りをまとめていただきました。小林正孝氏は本書に掲載している写真の多くを集めていただきました。編者は、江戸時代の「牧」や近代の開墾について造詣の深い中村勝氏の論稿などを参考に、飛行場開設前の地域、戦後の飛行場について記しています。

本書の執筆と時を同じくして、柏の軍事遺跡として注目される新しい事実が明らかになりました。地元で馬糧庫と言い伝えられてきた柏市西部消防署根戸分署の建物が高射砲連隊の重要な訓練棟であり、完全な形で残っているものは柏以外にはないということが明らかとなりました。

歴史的遺産は一度破壊すると消滅し、元には戻りません。高射砲連隊の訓練棟は、秋水の燃料庫などとともに、柏の歴史を語ってくれる重要な証人です。

飛行場周辺への米軍艦載機の攻撃やそれへの対応など、出来上った原稿を読むと、改めて「身近にあった戦争」「柏も戦場だった」という感を深くします。本書は終戦七〇周年に併せて企画したものではありませんが、結果として七〇年と重なりました。改めて、戦後の日本に決定的な影響を与えただけでなく、現在と将来の日本にもなお大きな未解決の課題を突き付けている戦争について、さらに柏と戦争について考えていただく「よすが」となれば幸いです。さらに柏、柏を含む東葛北部一帯の地域の成り立ちを知っていただき、より良いコミュニティ、まちづくりの背景の一つとしていただければ、執筆者一同それに優る喜びはありません。

上山　和雄

柏にあった陸軍飛行場
――「秋水」と軍関連施設――

目次

※本文中の写真のうち『歴史アルバム』と記したものは、柏市史編さん委員会『歴史アルバム　かしわ』（昭和五九年）による。

第一章　飛行場開設前の柏と田中

上山　和雄

江戸時代までの地域

飛行場が設置されたのは、田中村十余二（とよふた）地区である。田中村とは、町村制に基づき、花野井村・大室村・若柴村・正連寺村・小青田村・船戸村・大青田村の七か村が合併して明治二二（一八八九）年に成立した村であり、その「田中」という名称は、江戸時代にこの地域を所領の一部としていた駿河国益津郡田中（現、静岡県藤枝市）に本拠を置く四万石の大名田中藩（本多氏）に由来する。

当地域は、利根川と江戸川に挟まれた台地上に位置し、野田方面から利根川にほぼ沿うように台地の東北端を通って水戸街道に合流し、我孫子で分岐して成田に至る成田街道沿いを中心に成立した村々である。台地上には、古くから人々が生活していた。国道一六号十余二交差点の南、大青田聖人塚遺跡からは三万年前から一万三〇〇〇年前の旧石器時代、数千年前の縄文時代の住居跡や石器・土器などの遺物が発掘され、船戸の花前遺跡からはやはり旧石器時代から縄文、古墳時代、さらに江戸時代の建物跡も発掘されている。また、利根川をのぞむ台地上に位置する花野井塚原古墳群の大塚古墳は、鉄製の短甲・鉄剣・鉄鏃などを副葬品とする径二〇メートルの円墳で、五世紀末頃の築造と推定されている。

中世にもさまざまな歴史が展開された。市域には一〇世紀前半に活躍した平将門にまつわるいくつかの伝説が残されており、一二世紀には将門の一族である平良文の子孫が支配する下総国相馬郡布施郷に属し、布施郷は伊勢神宮に寄進されて相馬御厨となり、その後良文の系統は相馬氏を名乗った。千葉県北部・茨城県南部には戦国期の大きな城郭はないが、常陸川（現在の利根川筋）や沼をのぞむ台地上などに小規模な城郭・館が作られていた。松ヶ崎城跡・戸張城跡・増尾城跡などが比較的規模も大きく、構造も良く残っている。田中にも大青田の猪ノ山城跡、大室の大室城跡などが存在したが、現在ではその城跡は消滅してしまっている。

表１　江戸時代の各村

	戸数	人口	石高	年次
花野井村	126	714	439	1862
大室村	103	616	459	1865
若柴村	18		224	1843
正連寺村	11	54	54	1828
小青田村	27	166	73	1867
船戸村	65	366	250	1741
大青田村	106	547	655	1843
合　計	456	2,463		

出典：『柏市史　近世編』36、896、898、899頁による。石高は天保5年、戸数・人口は各欄の年次。

田中藩本多氏は、徳川家譜代の本多氏の一系統で大阪の役後の元和二（一六一六）年に下総国相馬郡内に加増されて一万石を領有し、上州沼田藩を経て享保一五（一七三〇）年に駿河国田中藩四万石に移され、明治維新にいたる。藩領は駿河に三万石、下総に一万石であった。幕領を少し含むが、江戸時代末期の七か村の戸数・人口・石高を表1に示した。花野井・大室・大青田が戸数一〇〇を越え、人口も五〇〇人を越えるのに対し、若柴・正連寺・小青田は小村で船戸がその中間である。江戸時代末期、ほぼ二五〇〇人の人口だったと考えてよかろう。

花野井・大室・大青田各村の江戸時代末期の農間渡世調べによると、かなりの数の請酒屋・飴菓子など

江戸時代の水戸街道松並木絵図　今谷(南柏)から柏方面を望んだものか
(『歴史アルバム』)

と並んで木挽・杣などの職人が見られ、また戸数に匹敵する馬も飼われていた。台地は開墾されて畑になったところもあるが、近くの戸張村には幕府の御林があってなお広大な林が広がり、その林産物が生活の糧ともなっていたのである。利根川縁の布施に河岸が設定されていたが、大室・船戸にも新たに河岸が設けられ、これらの河岸から江戸川まで、生魚だけでなくさまざまな物資を陸送する駄賃稼ぎが展開するようになった。地域の人々は、利根川が台地に作る谷戸の水田や林を開いた畑を耕し、木材や薪炭、樽などの林産物に加え、成田街道、河岸、江戸川への陸送などにかかわる仕事に従事して暮らしていたのであった。

下総には古くから野生馬が生息する地域があり、江戸幕府はここに小金牧と佐倉牧を設定して野生馬の飼育にあたらせた。小金牧は葛飾郡・印旛郡・千葉郡の広大な地域にわたり、小金牧がさらに分かれて五牧となり、柏から流山・野田の地域は、高田台牧と上野牧にあたる。一七世紀後半から一八世紀にかけて新田開発が進み、牧の面積は減少する。村落と牧は野馬土手や自然の地形によって区分されていたが、野馬は土手や川を越えて農作物を荒らすこともあった。幕府は周辺の野付村に林産物の採集を認める代わりに、牧の管理や野馬の育成にあたらせていた。

ペリー来航以降、尊王・攘夷をめぐって国内が混乱してくると、江戸に近く利根川や江戸川の舟運に恵まれ、また幕末の政局の重要な拠点ともなった水戸に通じる水戸街道など、交通の便に恵まれた当地域にも幕末の混乱は大きな影響を及ぼしてくる。

田中藩は船戸に陣屋を置き当地方の藩領支配の拠点とし、江戸に近い下総藩領に村高に応じて異国警護や海防にかかわる夫役や兵賦を差し出すように求めた。品川台場の建設に際しては、基礎工事用材木として根戸村の御林から大量の材木を伐り出して品川へ運び、埋立用土砂などの運搬のために多くの小舟と船頭も徴発された。また、水戸の浪士たちからなる天狗党が徘徊し、地域の有力者たちに多額の献金を強要する事件なども発生する。田中藩では江戸の治安悪化と下総領の重要性の高まりに応じ、文久三（一八六三）年に江戸の下屋敷を引き払ってその機能を流山加村に移転した。

明治期の田中と十余二（とよふた）

明治元（一八六八）年一〇月、田中藩領は上知されて下総知県事の管轄となり、翌二年正月に葛飾県が設置されて庁舎が流山加村の田中藩下屋敷に設けられた。廃藩置県後の四年一一月、葛飾県が廃止されて印旛県が発足し、庁舎は継続して加村におかれ、六年六月印旛・木更津両県が廃止されて千葉県となり、県庁は千葉町におかれる。さらに八年五月、茨城・埼玉両県との管轄換えにより、現在の千葉県の県域が形成される。

江戸幕府が倒れると大名や武士は国元に帰国し、将軍家も幕領を返上して駿府に移ることとなった。江戸には領主階級の生活を維持するために多くの商人や職人、下働きの人々がいたが、彼らの職は無くなり、多数の窮民が発生する。新政府は東京府の提案を受け、小金牧全体を対象に、東京の富商に資金を出させて開墾会社を組織し、東京の窮民を入植させて開墾するという計画を立て、明治二年四月に牧を廃止する。

上野牧は三井八郎右衛門・中村庄兵衛ら四名の社員が担当することとなって豊四季と名付けられ、高田台牧は三井八郎右衛門だけが社員となって十余二と名付けられた。豊四季村は五八一町歩で東京から一二二戸四七八人が入植し、十余二村は五七八町歩だったが、入植者は八戸二七人に過ぎなかった。十余二村では東京窮民だけでなく埼玉県や近村からの入植者を積極的に受け入れ、さらに大室・小青田・正連寺など隣接村の農民も小作地出作として開墾・耕作を行った。明治五年には開墾会社が解散することになり、入植者には手作地と家作地を合わせて五反五畝の土地所有を認めたが、それ以外の開墾地は三井をはじめとする社員に分配され、入植者は小作人とならなければならなかった。彼らはその不当性を裁判に訴え、大審院で敗訴となるが、その後も裁判や請願活動を展開し、係争が続いた。三井は争議の対象になることを回避するために譲渡・売却し、青木周蔵から新那須興業会社、大隈重信から鍋島直映、三井銀行から大正五（一九一六）年に花野井の吉田甚左衛門へと大きく三分割されていった。

明治末期の田中村・十余二村組合役場
（『歴史アルバム』）

江戸時代以来の村は、十数戸から大きくて百数十戸であった。近代国民国家は、国民に対し税金を納めさせるだけでなく教育を受け、兵隊となることも求め、地域は役場や学校を建設することを求められる。小さな村ではそのような要請に対応できず、試行錯誤を経て、明治二一年に町村制が公布され、県が合併見込案を提示する。県は旧村の七か村と十余二村を合併させるのではなく、七か村で新村を作り、それと十余二村で組合村を編成する案を立てるが、旧村はそれにも強く抵抗した。反対の理由は「十余二村は明治以来の新村にして人情及風俗習慣一も意気相投ぜず」というところにあった。柏村外七か村も豊四季村との組合村の編成を求められたが、同じく抵抗する。開墾地と旧村間の人情・風俗の大きな相違や、開墾地を完全に抱えることによる負担増加への懸念があったのである。分離は認められず、十余二、豊四季とも村として残りつつ田中村、柏村とそれぞれ組合村を編成する。田中村と十余二村では、両村の協議会規定書を作成して経費分担や権利義務について詳しい取り決めを作成し、組合村を運営していった。

明治一〇年代前半、陸軍が作成した「偵察録」に、船戸・大室・小青田から瀬戸・野木崎（現、野田市）の様子が記されている。

> 其岸崖急峻標高大約二十米突に出入し南岸稍低下せり、此岸上村落相連り樹木繁生す、此地方水害を蒙ること年々大小あり……両傍丘陵上は畑及森林にして麦粟野菜大豆菜種及ひ桐茶松杉竹等に適す、又卑低の地は水田にして稲を植ゆ、利根川沿岸は平夷にして大なる草生地なり、而して其間小なる畑地散在せり、里俗此地を流作と云ふ……人情朴質稍篤厚の風あり、而して其船戸野木崎のものは稍浮、皆農民にして専ら耕耘に努力す、而して其他纔かに旅舗雑商漁夫船乗等の業をなす

連綿として続いてきたこの地域の自然と、その中で営まれてきた人々の暮らしぶりが簡潔に描かれている。明治時代の旧村ごとの戸数・人口は知りえないが、明治一五年には大室一一四戸、小青田二七戸、正連寺一三戸となっており、江戸時代とほぼ同様で、多様な営業に従事していることも同じであった。十余

二村を含む田中村の戸数・人口を知りうるのは明治三一年が最初で、戸数七二一、人口四五五〇、十余二村だけだと三五年に戸数一一六、人口五八八であり、以後少しの戸数増加と人口の自然的な増加がみられる程度である。

入植後一世代が完全に終わったと思われる四〇年後の大正三（一九一四）年、組合村を解消し、十余二村は田中村の大字となった。後掲表2に示すように、戸数は花野井に次ぐ大きな集落であるが、小作地率は九三％という高さである。

大正・昭和期の柏と田中

柏地域が大きく変わり始めたのは、大正中期から後期のことであった。第一次世界大戦により日本がかつてない好景気を迎え、さらに関東大震災からの復興過程で郊外への人口拡散が進み、東京近郊が大きく変貌し始めたのである。

明治二二（一八八九）年に柏村など五か村が合併して成立していた千代田村では、大正一〇（一九二一）年頃から町制施行が話題になり始め、一二年の船橋・柏間の北総鉄道線開通、一三年の県立東葛飾中学校開設などによっていっそう町場化が進み、一五年九月、町制を施行して柏町となった。町制施行直前の『東京日日新聞』には、「馬鹿にならぬ柏の帝都化」として「柏に至れば、東京からの影響は可成り濃厚に現れている。……一種新興の街として、駸々延ぶべきものあるを見る」（大正一五年四月一八日）と記されている。

しかしこうした変化は、現在の柏市域全体に及ぶものではなく、柏町に限定された現象であった。図1

図1　旧柏市の人口（『柏市史　近代編』巻末表より作成）

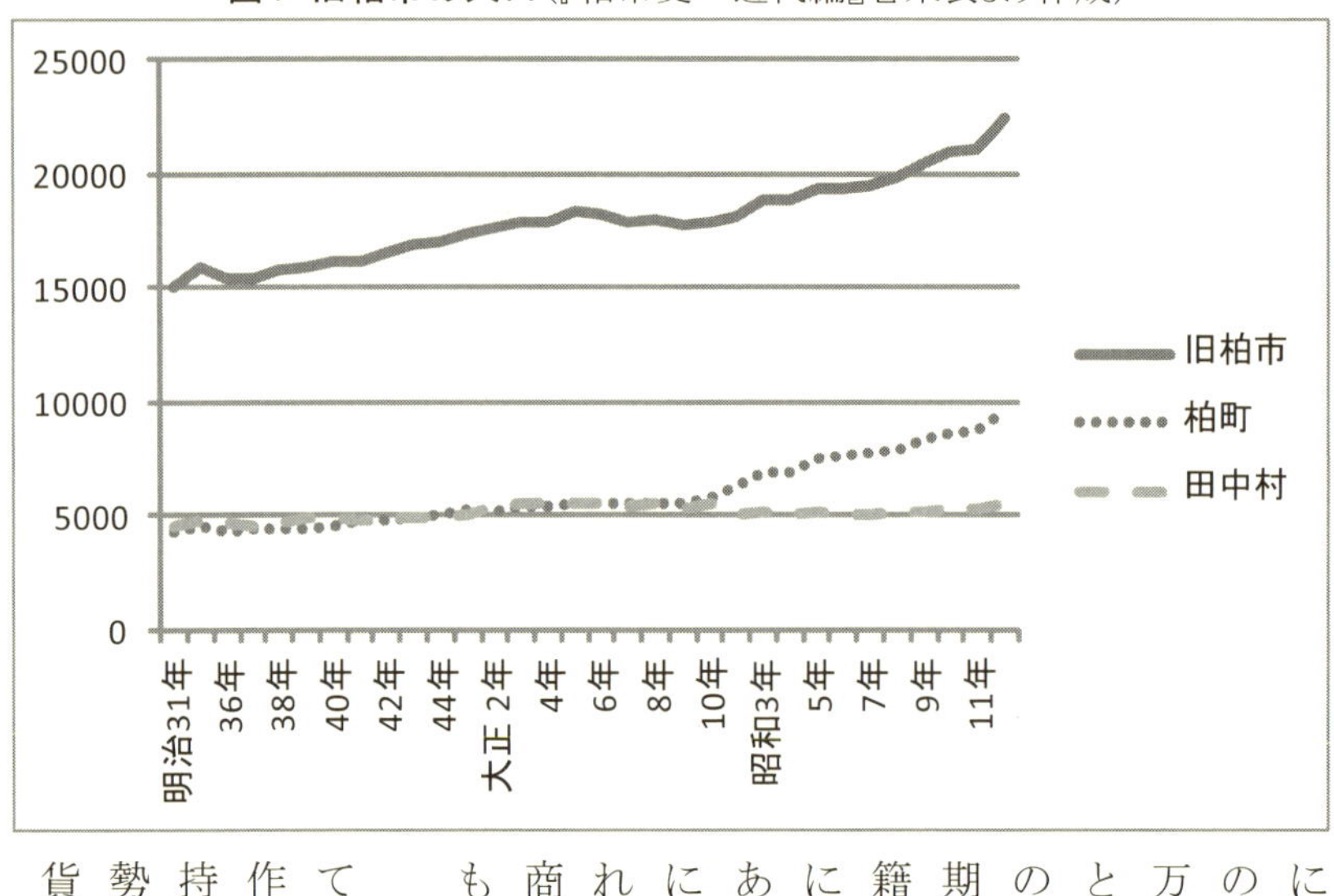

に示した旧柏市域※四か町村（柏町・田中村・土村・富勢村）の人口は、明治中期の一万五〇〇〇人台から明治末期に一万六〇〇〇人台、さらに大正末期には一万八〇〇〇人台へと増加する。しかしこの増加の多くは柏町の増加によるものであった。田中村も明治中期の四〇〇〇人台から大正末期の五〇〇〇人台へと数百人増加するが、現住人口の対本籍比率が九五パーセントから昭和期には八〇パーセント台に低下するように、むしろ流出者の増加がみられる状態であった。ただ、田中村の人口は明治中期から第一次大戦期にかけて一〇〇〇人増加するという動きを示している。これはおそらく運河の水堰橋付近にみられる工事関係者・小商人などを含む、運河・水運関係者の増加を反映しているものと思われる。

松戸や柏の駅近辺では、東京近郊都市への歩みが始まっていたが、駅から離れた村落では米・麦・イモ類などの耕作に加え、蔬菜・養鶏・養豚・養蚕などによって生計を維持していた。東葛北部は鶏卵の産地として知られ、特に富勢村では大正一五（一九二六）年に共同出荷組合を組織し、貨物自動車を購入して東京の鶏卵問屋に出荷するだけでなく、東京に販売出張所を設けて東京市民へ直接販売する計画を立てていたという（『千葉毎日新聞』大正一五年三月一六日）。またこうした農畜産業に加え、都市の発展に伴って増大する中間層のライフスタイルの変化に対応し、当地域でも「都人士の吸引」が課題とされるようになる。利根川や手賀沼、富勢村の和田沼、田中村大室の上沼・下沼などの多くの沼からは豊富な川魚の漁獲があり、また秋から春にかけては多くの渡り鳥が飛来した。川漁や鳥猟は、江戸時代から明治にかけて地域の人々の重要な生業であった。田中村には明治末期に八〇艘の漁船があり、大室では二〇〇町歩を越える地域に共同狩猟地の免許を得ている。こうした漁業や狩猟は大正から昭和期にかけて、東京の趣味人のレジャーの対象になり、茸狩りも同様に秋の行楽の対象となった。また、運河の堤防に桜やつつじを植え、春には花見の客を誘致することに努めたのであった。

こうした動きの中心にいたのは花野井の吉田甚左衛門らであった。八柱霊園に結果するが、震災後、大規模な東京市民の墓地が必要になった際、柏付近の高柳に一大墓地の建設を計画した。昭和二年の地方競馬規則制定に際し、柏町豊四季台の所有地に競馬場設置を計画し、昭和三年四月に着工して一周一マイル（約一・六キロ）、階段式の観覧場を持つ、当時関東一の規模を誇る柏競馬場が完成する。吉田は競馬場だけでなく、ゴルフ場・乗馬練習場・弓道場・テニスコート・娯楽場などを併設し、この地域を「関東の宝塚」にするという計画を持っていた（『東京日日新聞』昭和三年

現在の国道6号あたりから駅方面を望む（大正10年）
（『歴史アルバム』）

柏競馬場における青年学校の教練
（『歴史アルバム』）

九月二二日）。

平成一七（二〇〇五）年、つくばエキスプレスが開業し、田中地区には柏の葉キャンパス駅と柏たなか駅が設置され、地域は大きく変貌しつつある。じつは昭和初年にこの鉄道とほぼ同じ路線が筑波高速度電気鉄道という名称で構想され、昭和四年に東京に本社を置く新那須興業株式会社が十余二鴻ノ巣と若柴入谷津のあたり三〇万坪を取得し、八〇〇区画の分譲地を売り出したのである。しかし不景気と重なり、新線計画は破綻してしまった。我孫子に居を構えたジャーナリスト、杉村楚人冠も一区画購入したが、その後陸軍に買収され、第六章に示すように、三一町歩の鴻ノ巣演習場となった。

※旧柏市とは、昭和二九年に四か町村が合併して柏市となった後、平成一七年に沼南町を合併するまでを指している。

昭和初年の田中村

大戦期に増加した旧柏市域の人口は大正末期に一時減少し、昭和初年から再び増勢に転じ、昭和九（一九三四）年には二万人を越える。この増加は明らかに柏町の増加に拠っており、田中村や富勢村・土村では昭和九年頃まで人口は停滞を続けている。大正九（一九二〇）年の戦後恐慌や金融恐慌・昭和恐慌の影響が認められるが、昭和一〇年頃になると、為替の低落や軍需によって景気が回復し地域の様相も変化し始めてくる。

この不況・恐慌の時期に、政府は地域に自力更生を求め、恐慌からの回復を目的に経済更生運動が展開される。昭和二年に田中村村長に就任した窪田甚造は、「勤倹貯蓄を奨励し基本財産の増殖を図ること」などの村是七項目を定め、村是実行組合を組織し、婚礼や葬儀の簡素化、基本財産の蓄積方法などを定めて活動を開始した。昭和九年に帝国農会の経済更生指導村に指定され、同年二月九日に小学校講堂において農林省・県庁や帝国農会本部の幹事・技師なども出席し、村民七〇〇人の参加を得て経済更生村民大会を開催して自力更生運動を本格化する。村内の自然・社会条件の調査や戸別の詳細な調査が行われ、それに基づく経済更生計画が樹立される。計画の内容自体は現金支出の削減や市場向け商品作物の増産など、特別注目すべき点は見られないが、前年の昭和八年を基準にした村内の様々なデータは注目される。その中から田中村の様子を知ることのできるいくつかのデータを取り上げてみよう。

田中尋常小学校の農業実習(昭和5年)
(『歴史アルバム』)

村の空気の一部を示すものとして興味を引くのは、新聞・雑誌の購読調査である。新聞を購読するものは戸数八一八戸のうち三三七戸に達し、最も多いのは『東京日日新聞』の一四〇、次が『読売新聞』の四五で地方新聞は少なく、「文化的方面に於ては全く東京市の影響を受け」と評されている。

田中村は花野井以下九つの大字から構成され、花野井・大室・船戸・大青田・十余二が一〇〇戸を越える大きな集落で、他の四集落は小規模である。農業を本業とする戸数は六四一、工業は一九、商業は六七（表2）で、表3に村民が携わっていたその具体的な職業が記されている。本業では荒物商・雑貨商などの商業、大工・桶樽職などの職人に加え、土工日雇・醤油醸造工の多さも注目される。この時期には吉田甚左衛門家の醤油醸造業はキッコーマンに買収されて廃業しており、野田への通勤工だったのだろう。副業では土工日雇・農林業労働者・荷馬車挽・醤油醸造業・屋根職の多さが注目される。土工日雇はこの時期に利根川の改修工事が本格化したことを反映しているのであろう。荷馬車・屋根職などは伝統的な副業である。

表4に示したように、田中村の総面積は二〇六〇町歩であり、山林原野がちょうど五〇%、田畑が四七%である。耕地の小作地率は六四%にも及び、関東地方としてはかなり高い。地区によって小作地率は異なり、開墾地が中心の十余二は九三%にも及び、この地区が全体として村の率を押し上げてはいるが、小青田・船戸を除き五〇%を越え、高い小作地率である（表2）。職業が地主とされているのは一八戸、地主が副業のものも四六戸に及んでいる（表3）。当地域では、農業だけで生活するためには二町歩前後の耕地面積が必要であり、表5に示す、三町歩以上の四七戸当たりが貸付地を持ち、五町歩以上所有戸数二六戸が地主的性格の強い層である。表6に示すように自作農は一五%九九戸に過ぎず、四三%は耕地を持っていない小作農民、四一%が自小作農民である。一町歩未満の耕作者は農業だけでは生活できず、表3に見られる多様な副業によって生計を立てていたのである。注目されるのは総戸数の五四%の四四三戸が山林原野を所有している点である。燃料や肥料など、再生産に不可欠な山林原野を組み込んだ農業経営がなお続いている状況を示している。吉田甚左衛門家は大正五年に十余二の畑・山林を三井家から購入する

表２　田中村大字別職業別戸数及び耕地面積（昭和８年）

	農業	工業	商業	その他	合計	田畑合計（反）	
						自作地	小作地
花野井	113	8	18	32	171	485	907
大室	114	1	11	7	133	698	934
若柴	25		1	2	28	126	213
正連寺	16			1	17	90	143
小青田	26	1	1	5	33	206	154
船戸	85	4	14	9	112	536	509
山高野	48	2	8	17	75	186	303
大青田	99		8	8	115	560	632
十余二	115	3	6	10	134	117	1462
合　計	641	19	67	91	818	3007	5250

出典：田中村『千葉県東葛飾郡田中村経済更生計画』(昭和10年)
以下、表７まで同じ。

表３　本業・副業別戸数

	本業	副業		本業	副業
農業	641	104	自転車修繕業	5	
地主	18	46	煎餅製造販売	6	2
農林業労働者	8	64	大工	5	10
土工日雇	12	116	桶樽職	5	9
荒物商	5	3	屋根職		25
雑貨商	6	6	樵夫		4
菓子小売	3	9	木釘製造業		12
下駄商	4	2	河川航路工夫	2	1
回漕業	2		鉄道工夫		4
渡船業	1		鉄道従業員	1	8
理髪業	5		公務者		13
荷馬車挽		32	教員		4
醤油醸造工	10	27	会社員	4	10

表４　田中村の地目別面積

（反）

田	2766
畑	7087
宅地	223
山林	7432
原野	2888
雑種地	12
池沼	188
合計	20596

表６　地主・小作別戸数

自作	99
自小作	264
小作	278
小計	641
地主	18

表５　所有地・耕作地広狭別戸数

所有耕地別		経営耕地別	所有山林原野別	
５反未満	273	114	５反未満	261
５反～１町	92	180	５反～１町	66
１～２町	87	394	１～５町	86
２～３町	35	51	５～10町	18
３～５町	21	6	10～30町	11
５～10町	17			
10～20町	6		100町以上	1
20～30町	1			
30町以上	2			
合計	534	745		443

表７　販売農産物（単位：円）

種類	金額	種類	金額
米	35,931	ミツバ	11,415
小麦	59,918	ニラ	4,652
大麦	4,033	葉タバコ	4,511
大豆	4,112	繭	23,592
甘藷	28,366	豚	7,193
里芋	4,919	鶏卵	4,685
しょうが	15,725	木炭	902
ホウレン草	11,492	薪	634

ことにより、田畑一九〇町歩、山林二一〇町歩に及ぶ大地主となっている。

表7が販売された農産物の価額である。コメと麦が多くを占めるが、甘藷・しょうが・ホウレン草・ミツバ・ニラなどの蔬菜、豚や鶏卵、繭など多様な販売用農畜産物を生産・飼養していた。蔬菜の販売は大室に蔬菜市場が設けられ、柏その他から小売商人が仕入れに来ていた。また市場への出荷だけでなく、「農家の婦人が毎朝蔬菜を背負ひ野田町及東京市（神田、千住、京橋、新宿等）に行商するもの五十余名あり」と、東京や野田に野菜の行商に出かける女性が五〇余人いると記されている。蔬菜用肥料として、東葛飾郡農会が東京市と契約して人糞尿を購入し、田中村農会は郡農会からそれを購入し、各部落には汲取組合が組織されていた。大青田と山高野の運河沿いに設けた肥料だまりには東京から船で運び、花野井や大室などでは部落内の路傍に設けた肥料だまりに自動車で運んで貯蔵し、農家はそこから屎尿をくみ取って肥料とした。昭和八年に組織した際には五四名だったが、翌九年には二〇〇人に達したという（『千葉県東葛飾郡田中村経済更生計画』）。

軍事施設の誘致

昭和六（一九三一）年に勃発した満州事変は、満州国の設置、日本の国際連盟からの脱退・国際的孤立という形で一応の小康状態となった。しかし満州から中国華北への進出を企図する日本と、反日運動を展開する中国官民との間に様々な事件を生じ、一二年七月七日、北京郊外盧溝橋において衝突が発生し、日中戦争へと拡大する。

徴兵制のもとで、男子は二〇歳になれば徴兵検査を受け、合格となって籤に当れば佐倉の第五七連隊に入営しなければならなかった。佐倉以外にも習志野・市川には騎兵連隊や砲兵連隊などのいくつもの兵営があり、その地域の人々は軍隊と日常的に接していた。しかし、柏地域の人々は年に何回か行軍にやってくる軍隊を見るか、予備・後備の在郷軍人の召集点呼を見るくらいであった。それが大きく変わったのは日中戦争の直前である。本書第二章第一節に示しているように、昭和一二年初頭、帝都防衛と航空力強化のために東京近辺にいくつかの飛行場設置が計画され、柏はその一つとなったのである。

江戸時代の幕府の牧は一部開墾されたとはいえ、なお広大な林野が残っており、その払い下げを受けた三井、三井から購入した鍋島侯爵家や吉田家など、少数の大地主が広大な土地を持ち、飛行場用地買収にも好都合だったのである。一二年六月三〇日の新聞には、陸軍関係者が現地調査を行い、田中村・八木村にわたる「山林地帯が交通、気象的に見て最もよい候補地だと折紙づき」となり、「両村地主連も土地発展のため大乗気」と報じられている（『東京日日新聞』）。陸軍は直ちに買収交渉に入り、九月にはほぼ土地所有者との合意がなり、一〇日に次のように報じられている。

東葛飾郡田中村大字十余二、正連寺及八木村の一部駒木新田にわたる一円五十五万坪の高原地帯を陸軍省から買収交渉のところ、田中村長松丸嚴氏の御尽力により、地主四十余名も買収を快諾、価格の協定も円満に進捗、地主全員の買収応諾調印も二日まとまったので……北総の一角にわが無敵陸軍の一大〇〇場建設実現も近きにあるので、田中村地方は活気を呈している。

昭和一二年一一月には高射砲第二連隊が市川から富勢村根戸へ移転し、陸軍施設の建設に対応して柏憲兵分遣所の設置なども決まり、柏町近辺は陸軍諸施設が集まる「軍郷」の様相を呈することとなった。柏町と柏町商工会では「柏町発展策」を話し合い、一三年一月、都市計画法に基づく田園都市計画を策定し内務省に申請する。柏駅を中心に放射状道路を設置し、住宅地・工場地帯・田園地帯の区分を設け、将来的には富勢・田中・土・八木・風早の各村を合併して人口三万人の田園都市を建設するというものであった。また軍関係者の来住に応ずるため、柏と富勢では振興会社を設立して住宅建設も推進した。

　地域の人々にとっては、飛行場や軍施設の進出は歓迎すべきものであった。農家にとって不可欠とはいっても、薪や下草、秣（まぐさ）の採集地の意味しか持っていない林や草地を、それなりの価格で陸軍が買ってくれるのである。飛行場や付属施設の建設に人夫の募集も予測され、現金収入の道が開かれるのである。さらに軍人・軍属の来住により、さまざまなルートによってお金が落ちることも予想される。実際、陸軍航空作業庁の要員や飛行場建設工事人夫の募集が行われると多くの住民が応募した。また、軍郷にふさわしい衛生環境を実現することを目的とした衛生整備隊が、柏町・富勢村・田中村を一丸として組織される。在郷軍人会・青年団・生徒・児童による勤労奉仕、慰問会もたびたびおこなわれた。まさに「柏の地元」は軍隊を、「非常な好意をもって迎え、将校下士官等の宿舎の準備その他についても極めて積極的に協力した」のであった（『独立野戦高射砲第三十二大隊部隊史』）。

第二章　帝都防衛と柏飛行場

栗田　尚弥

1．戦局の推移と柏飛行場

国土防空の必要

ヨーロッパ各国が国家の総力を挙げて遂行した第一次世界大戦は、兵器の異常とも言える発達をもたらした。戦車、毒ガス、航空機、大型戦艦（ド級・超ド級戦艦）、機関銃など二〇世紀の戦争の主役となるほとんど全ての兵器が登場し、戦争の様相を一変させたのである。特に航空機の果たす役割の重要性については、大戦以前より各国軍関係者の認識するところであり、イギリス、フランス、ドイツなどの軍事先進国は、戦局と平行するように航空部隊の組織化とより高性能の航空機の開発を進めた。

航空後進国であった日本も、遅ればせながら航空部隊の組織化と航空機開発に乗り出した。大正四（一九一五）年一二月、飛行機二個中隊、気球一個中隊よりなる航空大隊（陸軍）が埼玉県所沢町（現、所沢市）に開隊され、大正一〇年までに六個航空大隊（間もなく飛行大隊と改称）が日本国内および朝鮮に創設された。大正一四年には軍縮期であったにもかかわらず、航空兵科が独立（それまで航空兵は工兵科もしくは騎兵科に所属）、飛行大隊は飛行連隊に格上げとなり、この年創設された二個飛行連隊を加え八個飛行連隊、航空機数常備五〇〇機の体制となった。一方、海軍は、大正五年四月最初の航空部隊である横須賀海軍航空隊が開隊、一二年までに佐世保、霞ヶ浦、大村の各航空隊が開隊した。

航空機の開発と並んで進められたのが、航空機による攻撃に対処するための防空兵器の開発と、防空諸施設の開設、そして防空体制づくりである。第一次大戦中ドイツ空軍は、ツェッペリン型飛行船や航空機による数十回に及ぶイギリス本土爆撃を実施した。特に、大正六（一九一七）年から開始された新鋭爆撃機ゴータGⅣによる爆撃は、二二回実施され、投下された爆弾の総量は一万八八三〇ポンド（八万四七四五キロ）にも及んだ。このゴータ機による爆撃は、ロンドン等の都市を目標とした無差別戦略爆撃のはしりであり、民間人にも多数の犠牲者が出た。特に、大正六（一九一七）年六月一三日のロンドンに対する空襲では、死者一六二人・負傷者四三二人の犠牲者が出たが、死者のうち四六人は市内の小学校の児童であった。各国軍関係者は、このイギリスの悲劇を教訓としたのである。

日本においても同様であった。特に昭和期に入ると、中国との関係悪化もあり、「国土防空」の緊要性が強く説かれるようになった。昭和四（一九二九）年五月陸軍省軍務局は、「国土防空は国防上の急務なり」とする論説「国土防空について」を『偕行社記事』第六五六号に掲載、「国土防空」の緊要なることを訴えた。さらに、満州事変後、中国空軍の増強・整備が急速に進むと、軍航空関係者を中心に敵国空軍による日本本土空襲を懸念する声が高まり、「国土防空」が焦眉の課題となっていく。例えば、陸軍少将大場彌平は、雑誌『支那』誌上において、「注意しなければならぬことは、外国の優秀なる飛行機を以て支那の空軍がドンドン建設充実されつゝあることである。……斯くの如き有力なる空軍が支那に現はれる以上、支那海は従来日本海軍の絶対的勢力範囲であつたが、今日では其の形勢は変じて、九州は支那空軍の空襲下に在ると云ふ状態になつた」（「欧米及支那空軍の現勢」『支那』第二五巻七号、昭和九年七月）と述べている。

敵国空軍による空襲目標として一番に予想されたのは、当然のことながら人口密集地帯であり、工場、官衙、軍施設等が多数存在する大都市であった。例えば、上記『支那』の編集部は、米国人教官によって作成された中国の杭州中央航空学校の教案が、日本の都市に対する攻撃を想定、「大阪、東京等の人口、富力、位置、重要建物、経済、軍事上の価値等を説明し」、空襲が「各都市襲撃に依りて軍事的経済的に日本に与える打撃」を計算している、と指摘している（支那編集部「航空彙報」同書）。

結局「国土防空」とは言っても、陸軍省軍務局の「国土防空に就いて」に「国土防空と謂ふも結局都市若しくは要地防衛の集合であるから根本は都市要地の防空を如何にすべきかということに在る」とあるように、具体的に守るべき「国土」として想定されたのは「都市」「要地」であり、その代表が当時「帝都」と呼ばれた首都東京であった。

昭和八（一九三三）年八月、東京、神奈川、千葉、茨城、埼玉の一府四県において、軍官民一〇万人以上を動員し、海軍の空母までも出動させた第一回関東防空演習が実施された。この演習は、陸海軍協同の初めての防空演習であったが、すでにこの頃、大阪（昭和三年）、名古屋（四年）、北九州（六年）では、軍官民一体となった防空演習が実施されていた。第一次大戦の経験から、軍関係者のなかには、「国土防空」のためには民間を含めた防空体制の確立が必要であると主張するものが、少なからずいた。大阪、名古屋、北九州の防空演習は、軍部による防空（軍防空）と軍部以外の官民一般の人々による防空（民防空）

柏飛行場

（『歴史アルバム』）

正門

本部

本部前庭より
兵舎を望む

の結合へ向けての予行演習とでも言うべきものであり、関東防空演習もその延長線上にあった。

特に、関東防空演習は、東京市、東京府という自治体の枠を越えて、東京市とその周辺の一府四県という広範囲を実施区域としていた。動員規模は先行三演習を大きく上回り、灯火管制は東京周辺一〇〇キロメートル以内の町村でも実施された。

交通網の発達や商工業の発展、そしてそれにともなう東京市周辺の都市化により、東京、神奈川、千葉、埼玉の一府三県は、大正の末期頃よりいわば帝都圏としての結合を強めていた。そしてそこに住む人々のなかにも、帝都圏住民としての意識が芽生えつつあった。航空機という兵器の性質上、「帝都防空」のためには、帝都東京のみならず帝都圏という広範な地域の官民の協力が必須だったのである。

昭和一二年四月、主として民防空について規定した「防空法」が公布され、日中戦争勃発（七月）後の同年一〇月公布された。ちなみに、同年八月には、他ならぬ日本海軍陸上攻撃機隊が長崎県大村および台湾の基地から出撃、中国の南京・南昌に対する渡洋爆撃を成功させている。また、翌一三年には米国製の中国軍機が二度にわたって九州南部に飛来、宣伝ビラを散布した。第一回関東防空演習から「防空法」施行までのわずか四、五年の間に、航空機の航続距離は飛躍的に伸び、「国土防空」の必要性は現実味を帯びたものとなっていたのである。

柏飛行場の建設

「防空法」公布以降、帝都圏においては軍防空の充実も図られた。埼玉、千葉、神奈川など帝都圏各県には、高射砲台、照空哨など東京を防護するための具体的な防空施設が次々と設置された。

防空のための最も有効な手段は、迎撃用戦闘機による敵航空戦力の撃滅である。「帝都防空」の主役となることを予定されていた陸軍当局は、東京周辺の防空戦闘機隊の充実を図った。同時に「飛行隊活動の根拠は飛行場であって飛行隊の運用を適切にするためには十分に飛行場を整備せねばならん……飛行場を努めて第一線に近く設置せねばならん」（服部武士〔陸軍航空兵大尉〕「戦闘飛行の用法」前掲『偕行社記事』第六五六号）という問題意識に基づき、東京周辺への飛行場建設を急いだ。

陸軍が目を付けたのが、広大な武蔵野台地が広がる埼玉県と陸軍演習地としてしばしば利用されていた千葉県であった。昭和一二（一九三七）年一月、要地防空のための施設を東京周辺に設置するという、「長期航空軍備計画」が陸軍によって策定された。以後埼玉、千葉両県には、二〇年の敗戦に至るまでいくつもの陸軍飛行場が建設されていくことになった。なかでも、畑地が土地の大半を占める千葉県の東葛飾地域は、陸軍飛行場建設の最有力候補地のひとつとなり、昭和二〇年の敗戦までに、柏（田中村〔現、柏市〕）、松戸（松戸町〔現、松戸市〕および鎌ケ谷村〔現、鎌ケ谷市〕）、藤ケ谷（風早村〔現、柏市〕および鎌ケ谷村）の三つの飛行場を抱えることになる。

東葛地域の三つの飛行場のうち、まっさきに開設されたのが柏飛行場（東部一〇五部隊）であった。昭和一二年六月、近衛師団経理部は新設飛行場予定地を田中村十余二（現、柏市柏の葉周辺）に決定、九月には鍋島侯爵と地元有力者である吉田甚左衛門等所有の土地合計一二〇町歩（約一一九ヘクタール）が飛行場用地として買収され、一二月には柏飛行場を基地とすることになった飛行第五連隊（連隊長近藤兼利大佐）が開隊式を挙行した。当時立川にあった飛行第五連隊は、大正一〇（一九二一）年に軽爆撃機部隊の航空第五大隊として編成され、その後戦闘機部隊の飛行第五連隊となり、昭和一三年八月には飛行第五戦隊となる。飛行場の建設は、一三年一月に建設起工式が実施され、一一月（頃）に飛行場が完成した。飛行場の建設には、青年団など田中村の住民も勤労奉仕の形で協力し、多数の朝鮮人も建設にたずさわったといわれる（『柏市史近代編』）。ちなみに、終戦時の柏飛行場は約二六四ヘクタールにまで拡張され、コンクリート舗装の滑走路一本（全長一五〇〇メートル、全幅一〇〇メートル）の他、東西北三本の飛行機誘導路が設けられていた。さらに飛行場内には陸軍気象部の観測所が設けられていたが、これは一九年五月に陸軍気象本部の直轄となっている。

昭和一三（一九三八）年一一月、飛行第五戦隊が立川より移転、柏飛行場は名実ともに「帝都を防護」する「第一線」の飛行場となった。同戦隊は三飛行中隊（後に二中隊）で構成されており、移転当初は複葉の九五式戦闘機が配備されていたが、間もなく空戦性能に優れた九七式戦闘機（九七戦、試作名称キ27）に機種変更となった（以下柏飛行場における航空部隊の変遷については、主として秦郁彦監修『日本陸軍戦闘機隊』〔改訂増補版〕を参照した）。

なお、松戸飛行場は、昭和一四年一月に起工され、一五年三月末に完成したが、柏飛行場の場合と異なり官民共用（軍民共用）の飛行場として建設された。同飛行場は、当初逓信省中央航空機乗員養成所（のちに松戸高等航空機乗員養成所）の飛行場としてスタートしたが、太平洋戦争中は陸軍も使用し、柏と同様、「帝都防衛」の有力飛行場となった。

また、昭和一三年一一月には、高射砲第二連隊（東部七七部隊、連隊長河合潔中佐）も、市川市国府台から富勢村根戸（現、柏市根戸）に移動している（詳しくは第四章1を参照）。

この飛行第五戦隊と高射砲第二連隊の柏移動に先立ち、多分軍機保護と防諜のためであろう、一二年一二月には東京憲兵隊市川分隊柏分遣隊が柏町の柏駅付近に開設された。さらに、第五連隊、第二連隊の柏移動後は、航空機と車輛の点検・整備を担当する陸軍航空廠立川支廠柏分廠（一三年一二月、田中村十余二）や、機関、武装、通信、写真など航空兵科に関する「特業教育」を実施する第四航空教育隊（東部一〇二部隊、一五年二月、田中村十余二）などの航空・防空関係の部隊を中心に、陸軍諸部隊が次々と現柏市域に開隊し、一四年四月には、市域内各部隊の傷病兵の入院加療のための柏陸軍病院（現在の市立柏病院）が開院、一六年には観測用精密機械の製作と熟練工養成を目的とした中央気象台柏工場が設立された（後に中央気象台附属気象技術官養成所［現、気象大学校］も設置）。

ドゥーリットル・ショック

太平洋戦争勃発の約一か月前、昭和一六（一九四一）年一一月四日、軍事参議官会議が開かれ、その席上陸相東条英機は、「防空に絶対はない。空襲を受けることは覚悟しなければならない」（下志津［高射学校］修親会編『高射戦史』）と強調した。米英との緊張が高まるなか、軍当局者は、飛行場、照空哨などの防空諸施設や防空飛行隊、高射砲部隊の拡充を図り、民防空の主務担当者とも言うべき内務省や府県庁は、防空監視隊の強化など民防空の充実を急いだ。

実はこの年七月、陸軍防衛総司令部は、「防衛の重点を防空」とした「国土防衛作戦計画要綱」を策定、同日、初の防空専任飛行部隊である第一七飛行団（司令部東京）が編成されている。第一七飛行団は、組織上第一飛行集団の隷下にあったが、その上部組織である防衛総司令部（防衛総司令官）の指揮を直接受けた[※]。そして、柏飛行場の第五戦隊は、第四戦隊（福岡県遠賀郡芦屋町）、第一三戦隊（兵庫県加古郡尾上村［現、加古川市］）とともに、この第一七飛行団の隷下に入った。

飛行第五戦隊の三つの中隊のなかで、「国土防空」の任務にあたることになったのは、第一中隊であった。残り二中隊は、下士官及び少年飛行兵に対する戦技教育を担当することになった。なお、「国土防衛作戦計画要綱」では、防空のための「根拠飛行場」が定められており、柏飛行場と松戸飛行場も、調布、立川両飛行場とともに東部軍管区内の「根拠飛行場」に指定されている。

太平洋戦争開戦時、第五戦隊は九七戦二五機を保有し、その主力が柏飛行場に、一部が松戸飛行場に配置されていた。なお、昭和一六年九月、第五戦隊の一部を核として飛行第五四戦隊が柏飛行場で編成され（編成開始は七月）、開戦直前の一六年一一月二八日、柏から中国漢口（武漢市漢口地区）に移動している。また、近藤戦隊長は、後に中将に昇進、第一〇飛行師団長に就任し、「帝都防衛」の最高責任者としての重責を担うことになる。

昭和一六年一一月、第七七臨時帝国議会において、「防空法」改正案が可決された。対米英開戦という事態に備えて、防空体制は単なる防空体制から戦時防空体制へとその歩みを進めていったのである。そして、帝都圏の防空体制もますます充実させられていくのである。もっとも、軍当局者は、「空襲を受けることは覚悟しなければならない」としつつも、同時に「積極進行作戦」こそが最大の防衛（防空）であるとの認識に立っていた。また、「積極進行作戦」が成功すれば、「空襲は開戦直後ではなくて、いくらかたって行われるものと判断する」（前掲『高射戦史』）というような楽観論的空気も軍当局者の間に横溢していた。一六年一二月の開戦後しばらくの間続いた日本軍の連戦連勝に、この楽観論は助長され、「神州不滅を謳歌するあまりに（官民の）防空に対する関心がうすらいだ」（同書）。

だが、昭和一七年四月一八日、官民のこの「神州不滅」意識を動揺させる事態が発生する。米陸軍航空軍ドゥーリットル隊による日本本土初空襲である。この日、米陸軍航空軍のジェイムス・ドゥーリットル中佐率いるＢ25ミッチェル双発爆撃機一六機が、日本近海まで進出した米海軍空母ホーネットから発進、東京および名古屋、神戸を目標とした昼間爆撃を敢行、三市およびその周辺で約五〇〇人の死傷者が出た。

この空襲に際し、東京瓦斯(がす)電気工業横浜工場の防空隊の九七戦が邀撃(ようげき)に上がったが、追撃に失敗、戦果は一機に軽微な損傷を与えただけであった。昭和一四年のノモンハン事件当時はソ連の新鋭戦闘機イ16を凌駕し、格闘戦（ドッグ・ファイト）性能においては、太平洋戦中の日本陸軍の主力戦闘機一式戦闘機（一式戦、愛称「隼」、キ43）を上回ると言われた九七戦も、邀撃用戦闘機（局地戦闘機）に必要とされるスピードと上昇力の点においてはもはや不十分なものとなっており、七・七ミリ機関銃二丁という武装も、防弾装備を充実させた米軍の爆撃機には「豆鉄砲」以外の何物でもなかった。ちなみに、B25の最高速度が四四二キロメートルであるのに対し、九七戦の最高速度は四六〇キロメートル、当時の日本海軍の主力戦闘機零式艦上戦闘機（零戦）二一型のそれは、五三三・四キロメートルであった。また、零戦は、七・七ミリ機銃二丁の他に、二〇ミリ機銃二丁を搭載していた。※※九七戦の性能は、局地戦闘機としてはもはや時代遅れのものとなっていたのである。

ドゥーリットル隊の奇襲に衝撃を受けた大本営陸軍部（参謀本部）は、直ちに国土防空強化のための施策推進に乗り出した。一七年四月一九日、参謀本部第二課は、二課、四課、防衛総司令部の防空主任者を参集させ、本土防空強化のための緊急対策を協議し、本土防空兵力の増強・強化が決定された。そして、この決定後間もなく、各地主要都市、特に東京市およびその周辺における軍防空態勢は強化されることになった。例えば、東京では、陸軍防空学校および高射砲第七連隊の高射機関砲が皇居周辺地区を直接守護（直掩）することになり、銚子方面には対航空機レーダーが設置された。

ドゥーリットル・ショックは、柏、松戸両飛行場にも影響を及ぼした。九七戦の局地戦闘機としての能力の限界を痛感した陸軍航空当局は、東京周辺に展開していた飛行部隊の機種変更を急ぎ、川崎航空機製の二式複座戦闘機（二式複戦、愛称「屠竜（とりゅう）」、キ45改）が、九七戦に替わって「帝都防衛」の任につくことになった。実は、一七年三月から飛行第五戦隊（戦隊長恩田謙蔵中佐）は屠竜への機種変更を開始しており、四月のドゥーリットル隊の奇襲時には六機の屠竜を保有し、この六機も邀撃のため出撃していたが（会敵せず、戦果無し）、奇襲以降機種変更に拍車がかかり、一七年八月には、柏、松戸両飛行場に計三三機の屠竜が配置された。

屠竜は、重爆撃機護衛のための長距離戦闘機として開発された、複座双発の戦闘機で、米軍爆撃機にも対抗しうる二〇ミリ機関砲、さらには三七ミリ砲（のちに三七ミリ機関砲）を装備し、零戦並のスピードを有していた。しかし、実際には対爆撃機攻撃や船団護衛、さらには二五〇キロ爆弾二発が搭載可能だったため、軽爆撃機替わりに使用されることが多かった。また、一九年以降内地に配置された屠竜には、爆撃機邀撃のため、新たに操縦席の後方に上向き三五度の角度で二門の二〇ミリ機関砲（斜銃）が取り付けられた。

第五戦隊への屠竜配備とは別に、昭和一七（一九四二）年五月頃、松戸飛行場にビルマ（現、ミャンマー）から独立飛行第四七中隊が移駐した。独立飛行第四七中隊は、新型戦闘機二式（単座）戦闘機（二式［単］戦、愛称「鍾馗（しょうき）」、キ44）の性能審査の為に組織された、通称「新撰組」あるいは「かわせみ部隊」と呼ばれる臨時部隊（中隊長坂川敏雄少佐→神保進大尉→貴島俊男大尉）で、その性格上、黒江保彦大尉、神保進大尉等優秀なパイロットを揃えていた。開戦直前同中隊は南方軍の直轄部隊に編入され、鍾馗の審査を兼ねてインドシナ半島、タイ、ビルマ、マレー半島を転戦、英空軍のバッファロー戦闘機やハリケーン戦闘機を撃墜するなどの戦果を挙げていた。

鍾馗は、旋回性能よりも速度（最高速度五八〇キロ、後期型は六〇五キロ）と上昇力を優先して設計された

柏町の防空演習
(中村電機駐車場前)
(『歴史アルバム』)

柏衛戍地の初代部隊長たち
前列左、近藤飛行第五戦隊長
(『歴史アルバム』)

柏飛行場に配備された戦闘機鍾馗の前で
(『歴史アルバム』)

戦闘機であった。旋回性能が犠牲にされているため、九七戦や隼に比し格闘戦は不得手であったが、武装に関しては、初期型でも七・七ミリ機関銃×二、一二・七ミリ機関砲×二と、九七戦や隼に比し強化されており、対爆撃機用の局地戦闘機としては、一七年当時最も適した航空機であった。第四七中隊の本土移駐は、本土の防空強化の為とも言われているが、鍾馗の性能を考えた場合、かなり信憑性のある話である。

後に第四七中隊は、拡張工事がなされた柏飛行場に移動（一七年八月〜九月頃）し、さらに翌一八年三月調布飛行場に移動、同年一〇月三日に飛行第四七戦隊に昇格し、同年末新設の成増飛行場に移駐した。

※「隷下」とは、ある部隊が恒常的にその上級部隊に所属（隷属）することであり、上級部隊はいわば部隊の本籍地である。一方「指揮下」とは、ある部隊が一時的に隷属する部隊から離れ、他の部隊の指揮を受けることを言う。いわば、出向先で指揮を受けることである。

※※航空機や戦車、艦船に搭載された、いわゆる機関銃について、日本では陸海軍で呼称が異なった。陸軍では明治四〇（一九〇七）年六月から昭和一〇（一九三五）年一二月まで、口径一一ミリ以下のものを「機関銃」、それ以外のものを「機関砲」とした。一一年一月以降は、この区分が廃され、機関銃の正式制定毎に決定するとされたが、実際には一〇年までの区分が敗戦まで使用されたようである。海軍では、口径四〇ミリ未満の機関銃を「機銃」、四〇ミリ以上のものを「機関砲」と呼んだ。なお、屠竜の初期型に搭載された三七ミリ砲は、機関銃のように連続掃射ができないので、「機関銃」でも「機関砲」でもなく、単なる「砲」である。

戦局の悪化と飛行部隊の移動

ドゥーリットル隊による日本本土初空襲から約一年八か月を経た昭和一八（一九四三）年一〇月、「防空法」が再度改正された。この時、ドゥーリットル隊の空襲以来の米軍機による日本本土空襲は、まだ実施されていなかった。しかし、ミッドウェー海戦での敗北（一七年六月）、ガダルカナル島からの撤退（一八年二月）、アッツ島守備隊玉砕（同五月）、キスカ島撤退（同七月）といった戦局の悪化や、B24重爆撃機、P38戦闘機、F4U戦闘機など米軍新鋭機の太平洋戦線への登場は、米軍機による本格的日本本土空襲が近いことを当局者に予測させていた。一八年九月、東条英機内閣は、千島列島、小笠原、マリアナ・トラック諸島、西部ニューギニア、ジャワ、スマトラ、ビルマを囲む「絶対国防圏」を設定、守勢の姿勢を明らかにした。同年一二月二一日、政府は「都市疎開実施要綱」を閣議決定、翌一九年一月には「改正防空法」を施行した。

戦局の悪化は、柏、松戸両飛行場を基地とする飛行第五戦隊の南方移駐という事態をもたらした。当時インドネシア、ニューギニア、フィリッピン等の南方戦線では、「空の要塞」B17重爆撃機やB24重爆撃機による爆撃によって、日本軍の被害は陸上海上ともに増大していた。大口径の三七ミリ砲を装備し、航続距離が長く、さらに二五〇キロ爆弾二発の装着が可能な屠竜は、敵の艦船に対する攻撃能力を有し、劣勢が続く南方戦線にとって必要不可欠な機体であった。一八年二月中旬、第五戦隊の屠竜六機を核に組織された独立飛行中隊（中隊長千葉吉太郎大尉）がラバウルに進出（後に飛行第一三戦隊に編入）、同年七月第五戦隊の本隊（戦隊長小松原虎男中佐）も柏および松戸からジャワ島に移動した。

第五戦隊に替わって、「帝都防衛」の任に就くことになったのが、「満州」の飛行第八七戦隊（鍾馗、戦隊長山田邦雄少佐）である。同戦隊は一八年七月上旬から柏飛行場への移動を開始したが、一一月一六日南方転用命令を受け、一二月二日在柏わずか五か月でスマトラ島のパレンバンへと向かった。

第八七戦隊に交代したのが、飛行第一戦隊（戦隊長松村俊輔少佐）である。第一戦隊は、日本陸軍最初の戦闘機部隊で、大正四（一九一五）年所沢で航空大隊として編成された。同戦隊は、歴史が古いだけに戦歴も古く、ノモンハンでの航空戦に参加し、太平洋戦争勃発直前の昭和一六年一二月七日には陸軍のマレー上陸を支援し、翌八日にはコタバル飛行場攻撃に参加している。その後、南方での多くの作戦に参加し、一八年九月一旦日本（大阪）に帰還した。一一月上旬には「満州」チャムス近郊の蒙古力飛行場に移動したが、同月一六日再び内地帰還の命を受け、一一月二五日柏飛行場に展開、「帝都防衛」の任に就いた。

第一戦隊は、開戦以来第一二飛行団の隷下（一時、白城子教導飛行団に編入）にあったが、一九年の航空部隊の改編（後述）にともない、他の第一二飛行団隷下の飛行戦隊とともにフィリッピンの第二飛行師団の隷下となった。しかし、一〇月八日に捷号作戦参加のため※フィリッピンに向けて出発するまで、柏飛行場を基地として第一〇飛行師団（後述）の指揮下に置かれた。

柏移駐当初、第一戦隊に配備されていたのは、一式戦すなわち隼（Ⅱ型）であったが、一九年四月から最新鋭の四式戦闘機（四式戦、愛称「疾風」、キ84）への機種改変が開始された。隼は、引き込み脚を採用した陸軍最初の戦闘機で、武装は一二・七ミリ機関砲×二（Ⅱ型）と連合軍機に劣っていたが、運動性に優れ、太平洋戦争開戦当初は、海軍の零戦同様、連合軍機を圧倒した。また、疾風は、米軍からも「日本最優秀戦闘機」と評された優秀機で「大東亜決戦機」と呼ばれ、パイロットの力量が同じ場合には、米軍の最新鋭戦闘機であるノースアメリカンＰ51Ｄマスタングやグラマンｌ６Ｆヘルキャットとも互角の戦いを演じたといわれる。

※昭和一九（一九四四）年六月のマリアナ沖海戦において、日本の海軍機動部隊（空母）はほとんど壊滅状態となり、日本は太平洋上における制空権を完全に失った。また同年七月には、「絶対国防圏」の要石のひとつとされたサイパン島が陥落した。七月二四日、大本営は「陸海軍爾後ノ作戦指導大綱」を裁可、劣勢挽回をはかった。

この「大綱」に基づく作戦は、陸海空の残存兵力を結集して連合国軍を迎撃しようとするものであり、「捷号作戦」と名付けられた。同作戦は、さらに、日本本土を含む予想決戦方面によって四つに区分され、それぞれ捷一号から捷四号の作戦名を与えられた。

第一〇飛行師団

昭和一九（一九四四）年五月五日、大本営は、近い将来米空母機動部隊が日本近海に進出するという判断のもとに、本土統帥機構を改変、国内防衛一元化のため、東部、中部、西部の各軍を防衛総司令官（東久邇宮稔彦王大将）の隷下に入れ、第一航空軍を防衛総司令官の指揮下に入れた（次頁の「関東地方防空体制」参照）。またこれより先、陸軍防空飛行部隊の改変も行われ、三月八日、第一七飛行団が「帝都防衛」のための第一〇飛行師団（師団長吉田喜八郎少将［正確には師団長心得］、後に近藤兼利中将）へと改編された（一〇日編成完了）。この第一〇飛行師団は組織上第一航空軍に隷属していたが、防空指揮は東部軍から受けることになった。このため第一〇飛行師団は、皇居を直接護衛する航空部隊という意味を込めて、「皇居直衛」の飛行師団と言われた。そして、柏、松戸両飛行場の飛行戦隊は、この「皇居直衛」の第一〇飛行師団の隷下（あるいは指揮下）に入ることになった。

七月二四日、大本営は日本本土防空作戦を含む捷号作戦準備に関する命令を下達し、間もなく東部高射砲集団が、横須賀―湘南地域―立川―大宮―柏―千葉を結ぶ東京の外周ラインを形成するように配置された。すでにこの頃、関東各地に飛行場が次々と増設されていたが、東部高射砲集団の再配置により、通称「東京航空要塞」と呼ばれる一大帝都防空圏が形成されることになり、柏飛行場（および松戸飛行場）は

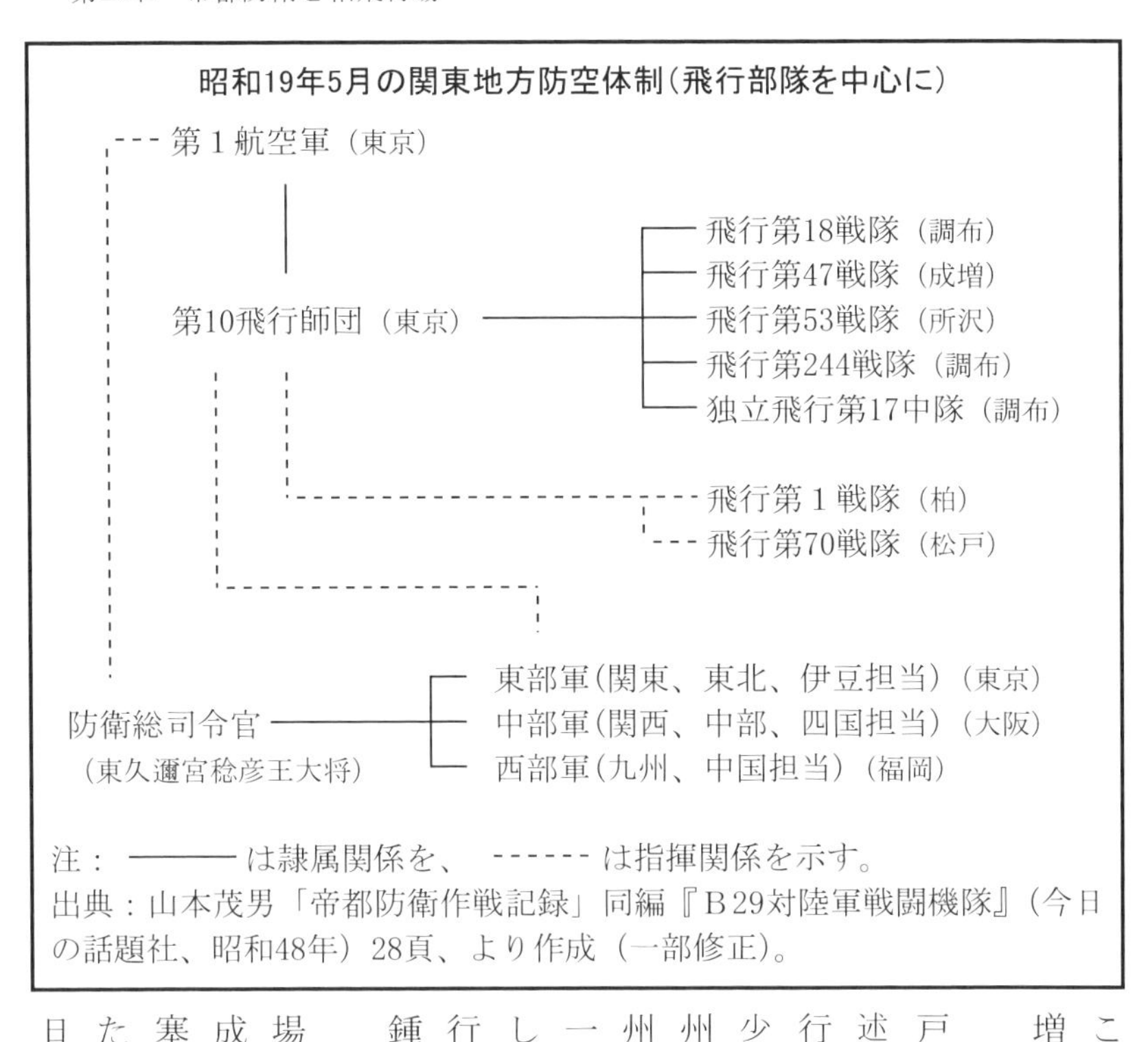

この「東京航空要塞」の要石として重要性を増していくことになった。

第一〇飛行師団が編成された当時、柏、松戸両飛行場には、それぞれ飛行第一戦隊（先述）と飛行第七〇戦隊が配置されていた。飛行第七〇戦隊（戦隊長江山六夫少佐→長縄勝巳少佐→坂戸篤行少佐）は、一六年三月に「満州」で編成された部隊であり、開戦後も「満州」に留まり、大連地区等の防空に任じた。一九年二月下旬、同戦隊は関東軍の隷下に属したまま、松戸飛行場に派遣され、第一〇飛行師団の指揮下に入った。有する航空機は、鍾馗約二〇機（後に三〇数機）である。

一九年八月一日、第七〇戦隊は、松戸飛行場を発ち、再び「満州」へと向かった。中国成都を基地とする新鋭重爆撃機、「超空の要塞」B29による「満州」への爆撃が本格化したためである。第七〇戦隊の移動後、九月六日から七日にかけて、松戸飛行場には、屠龍を配備した飛行第五三戦隊（戦隊長児玉正人少佐）が入り、第一〇飛行師団に隷属した。

一〇月上旬、今度は、飛行第一八戦隊（戦隊長磯塚倫三少佐→黒田武文少佐）が、調布飛行場から柏飛行場に移動してきた。同戦隊は、一九年二月に調布飛行場で編成を完了した、三式戦闘機（三式戦、「飛燕」、キ61）を配備した戦隊である。飛燕は、大戦中の陸軍戦闘機で唯一水冷エンジンを搭載した航空機であり、他の戦闘機に比し高々度性能に優れ、また、機体が頑丈で急降下攻撃を得意とした（ただし故障も多かった）。さらに、後期型（Ⅱ型）は、一二・七ミリ機関砲二門の他に、ドイツモーゼル社製のものをライセンス生産した二〇ミリ・マウザー機関砲二門を装備していた。そのため、一九年末から本格化する対B29邀撃戦では、昼間邀撃の主役を演ずることになった。

柏に移動した第一八戦隊は、一〇月二一日、主力が一時福岡県の大刀洗飛行場に派遣され、北九州の防空任務についたが、間もなくフィリッピン派遣の命を受け帰柏、一一月一一日、戦隊主力三五機が柏から南方に向けて出発し、以後、フィリッピン、ニューギニア方面での作戦に従事する。ただし、小宅光男中尉以下の操縦者二〇余人（飛燕一五機）と山中三造大尉以下の地上勤務員約一五〇人は柏飛行場に残り、第一〇飛行師団に隷属し、「帝都防衛」の任についた。

一一月五日、「満州」に派遣されていた飛行第七〇戦隊が帰国、今度は正式に第一〇飛行師団の隷下となり、松戸ではなく柏飛行場を基地とし、「帝都防衛」の一翼を本格的に担うことになった。なお、既に柏飛行場にあった第一八戦隊残置隊は、当分の間第七〇戦隊長坂戸篤行少佐の指揮を受けることになった。

B29との戦い

柏飛行場や松戸飛行場に配置された邀撃戦闘機部隊と死闘を演ずることになるのが、ボーイング社製の四発重爆撃機B29スーパーフォートレスである。九トン強の爆弾積載量を誇り、一二挺の機銃で武装（型によって若干相違あり）したこのB29は、まさに「超空の要塞」と言うべき代物であった。

昭和一八（一九四三年）一一月、米統合参謀本部は、この新鋭重爆B29を主力とする第二〇爆撃兵団（司令官ケネス・ウルフ准将、翌年六月一六日にカーチス・ルメイ少将に交替）を米国内カンザス州サリナに創設、翌一九年四月同兵団はインドに移動した。同月統合参謀本部は、第二〇爆撃兵団等を麾下に収め太平洋戦域の航空作戦全般の指揮を執る、第二〇航空軍を設置した。

一九年六月一四日、第二〇爆撃兵団のB29八四機が中国成都の米軍基地に進出、同月中に中国大陸や東南アジアにある日本軍施設への爆撃を開始し、一六日には六三機のB29が福岡県八幡市（現、北九州市）の日本製鉄八幡工場に対する精密爆撃を実施した。ドゥーリットル隊から実に二年二か月ぶりの米軍機による日本本土空襲であった。この約二か月後の八月一〇日、グァム島の日本軍守備隊が全滅し、マリアナ諸島全域を手中に収めた米軍は、日本本土爆撃の前線基地をマリアナに建設することになる。同一〇月一二日、第二〇爆撃兵団の交替兵団である新設の第二一爆撃兵団がサイパン島に上陸、以後日本に対する都市無差別戦略爆撃の主役となる、第七三、第三一三、第三一四など同兵団麾下の爆撃航空団が次々とマリアナ諸島に結集、日本本土爆撃に参加することになった。

このB29が、東京上空に初めて姿を現したのは、一九年一一月一日のことである。この日、ラルフ・D・スチクレー大尉が操縦するB29の偵察機型（F13）が、東京の中島飛行機武蔵野工場に対する写真撮影を実行した。この時、柏飛行場の第一八戦隊残置隊と松戸飛行場の第五三戦隊は、それぞれ飛燕と屠竜を駆って、他の第一〇飛行師団隷下の飛行部隊とともにスチクレー機邀撃の為に基地を飛び立った。東葛の飛行戦隊の「帝都防衛」が、ついに開始されたのである。

昭和二〇（一九四五）年二月一〇日、残置隊員および南方戦線からの帰還者を集めて、飛行第一八戦隊が柏飛行場に再編成された。しかも同戦隊は、同年三月頃から、第五九戦隊（知覧）、第二四四戦隊（調布）ともに、他の部隊に先駆けて、日本陸軍最後の正式採用戦闘機である五式戦闘機（五式戦、キ100、愛称はなし）への機種変更を行ない戦闘力を強化した。五式戦は、簡単に言えば飛燕の水冷エンジンを、最新型の空冷エンジンである三菱製のハ一一二-Ⅱに換えただけの戦闘機である。しかし、速度は飛燕よりも若干落ちたものの、飛燕譲りの急降下速度は顕在で、急降下で米軍の最新鋭機Ｐ51Ｄに追いつくこともあった。格闘戦性能はむしろ飛燕を上回り、整備員を悩ませたエンジン・トラブルも少なかった。また、空冷エンジンであるにもかかわらず、高々度性能も飛燕と同等かそれ以上であった。要するに、五式戦は疾風と並ぶ日本陸軍の最優秀戦闘機であった。なお、柏飛行場のもう一つの飛行戦隊である第七〇戦隊も、二〇年六月頃から鍾馗から疾風への機種変更を開始した。

二〇年六月中旬、新設された藤ヶ谷飛行場に第五三戦隊が松戸飛行場から移動、替わって松戸飛行場には五式戦部隊となった第一八戦隊が柏飛行場から移動した。

「皇居直衛」を目的とした東葛地域の飛行戦隊（そして第一〇飛行師団）には、その時々の最新型の戦闘機が配置され、Ｂ29等の米軍機に対して果敢な戦闘を挑んだ（次頁表）。しかし、「従来の空襲見積りと外征思想を根底からくつがえした」（前掲『高射戦史』）Ｂ29の邀撃は、決してやさしいことではなかった。例えば、一九年一一月のスチクレー機に対し第一〇飛行師団隷下の部隊が邀撃にあがったことは先述した

飛行第18、第53、第70戦隊の出動状況（昭和19年～20年）

月日	事　項
11月1日	18、53、70、B29の関東初飛来（偵察飛行）に出撃。
24日	53、B29の東京初空襲に出動、撃墜1。
	70、B29の東京初空襲に出動。
29日	53、初の対B29夜間邀撃。
12月3日	18、B29邀撃、防衛総司令官から賞詞。（その後も数次の邀撃に出、若干の戦果）。
	53、B29邀撃、撃墜2（うち1機は特攻攻撃）・撃破3。
1月　9日	53、B29邀撃、撃墜2・撃破1。
2月16日～17日	70、米艦載機の関東初来襲に出撃。
3月　9日	53、B29の東京大空襲に出撃、10数機撃墜。
～10日	70、B29の東京大空襲に出撃、かなりの戦果をあげる。
4月　2日	53、B29邀撃。
7日	18、B29邀撃、撃墜4（うち1機は特攻攻撃）・撃破3、武功章を授与さる。
13日	53、B29邀撃に出動。
15日	53、B29邀撃、撃墜12・撃破11。
	70、B29夜間邀撃、かなりの戦果をあげる。（5月にも夜間邀撃に出動）。
5月23日	53、B29邀撃に出動。
24日	53、大森上空でB29邀撃、撃墜12・撃破23。
25日	53、B29邀撃に出動。
7月　9日	53、田中静壱第12方面軍（東部軍）司令官より感状を授与さる
8月　1日	18、B29撃墜3・撃破5（うち1機は特攻攻撃）。
	53、B29邀撃に夜間出動。
5日	53、B29邀撃に夜間出動。
10日	18、房総沖で最後の空中戦（対B29、P51）。
	70、部隊感状を授与さる。最後の空中戦（対B29、P51）
14日	53、B29邀撃に夜間出動。

出典：秦郁彦監修『日本陸軍戦闘機隊（改訂増補版）』（酣燈社、昭和52年）より作成。
注：（1）本表は、上記『日本陸軍戦闘機隊』の記載事項より作成したものである。従って、元各戦隊員の個人的記録や防衛庁防衛研究所所蔵の旧陸軍関係資料からのデーターを付加すれば、当然、出動回数、撃墜・撃破数はともに増えることになる。
（2）飛行第53戦隊の出動は、主として夜間邀撃の為の出動である。
（3）６月以降の記録が少ないのは、大本営による本土決戦に備えての兵力温存策の為であろう。

が、海軍の零戦以上の最高速度（五七六キロ）を有し、今日の旅客機同様、機密室化された機体で一万メートル上空を飛ぶＢ29の邀撃は難しく、結局スチクレー機を追撃することは出来なかった。

この事実は、吉田喜八郎第一〇飛行師団長に大きなショックを与えた。吉田はＢ29邀撃の為に、非情とも思える作戦に打って出る。戦闘機の機体そのものを武器とするＢ29に対する特別攻撃、即ち体当たり攻撃である。一一月七日夜、吉田は、第一八戦隊残置隊、第四七飛行中隊（成増飛行場）を除く隷下部隊に、Ｂ29に対する特別攻撃部隊の編成を命じ、松戸飛行場の第五三戦隊にも対Ｂ29特攻隊が組織されることになった。そして、二〇年一月四日、柏飛行場の第一八戦隊残置隊内にも、第二中隊長（残置隊長）小宅光男中尉の具申により第六震天制空隊が編成され、四月七日には、小宅中尉自身が体当たりを敢行、パラシュートで脱出している。しかし、日本の戦闘機のなかでは高々度性能に優れた飛燕をもってしても、Ｂ29の邀撃は難しかった。「特に（敵機が）雲上を飛来する場合、我方は宛然手足を出せない状態であった。之は我戦斗機の性能が低く、上昇能力低く、上昇限度も十分でなく、速力も敵より遅く、加之機関銃が少くて故障が多かつた為である」、飛行第一〇師団長として吉田喜八郎の後を引き継いだ近藤兼利は戦後こう分析している（復員局資料整理課『近藤兼利中将回想録』、防衛研究所蔵）。

なお、第一八戦隊、第七〇戦隊のなかには、Ｂ29に対する特攻攻撃の他に、艦船に対する特攻攻撃に参加するものもあった。『朝日新聞』（千葉東葛版）平成二二（二〇一〇）年八月二六日の記事によれば、昭和二〇年に第一八戦隊の三人が第一八振武隊として、また第七〇戦隊の五人が第一九振武隊として、鹿児島県知覧の基地から沖縄沖に出撃、戦死している。また、この他、沖縄特攻のために、柏飛行場で編成された部隊が四隊あったという。

昭和二〇年四月になると、Ｂ29邀撃はさらに難しくなった。Ｐ51Ｄマスタングが、Ｂ29の護衛として飛来するようになったからである。三月に硫黄島の日本軍守備隊が全滅すると、米軍はここにP51の基地を設営した。当時の最新鋭戦闘機であるP51に対抗しうる戦闘機は、陸軍では疾風と五式戦、海軍では局地戦闘機である紫電改以外に存在しなかった。さらにこの頃には、米海軍の新鋭艦上戦闘機であるF6Fヘルキャットやﾌ4Uコルセアも、しばしば日本上空に姿を現していた。柏飛行場には、これらの新鋭米軍機に対抗しうる疾風や五式戦が配備されていた。しかし、如何せん物量においてはるかに及ばず、また、第七〇戦隊の疾風も戦力温存策の為、一度も邀撃に出ることはなかった。

柏飛行場には、二〇年夏にB29邀撃の最新兵器、ロケット戦闘機「秋水」も配備され、その運用部隊として第七〇戦隊が想定されていたが、結局秋水も実戦に投入されることなく敗戦となった（第三章参照）。

戦後、柏飛行場は米軍に占領されることになり、一〇月二〇日、米第一一二騎兵連隊戦闘団砲兵中隊が進駐した。同中隊は翌年一月までに撤収し、旧飛行場跡地は農地として、引揚者、旧軍人、旧小作農などによって開拓された。しかし、昭和二五年に朝鮮戦争が勃発すると、米軍用地（通信施設用地）としてその多くが接収され、柏無線送信所（のちに柏通信所、通称トムリンソン基地）として活用された。また、昭和三一年には米軍非接収部分に航空自衛隊の柏送信所が開設され、現在も航空システム通信隊システム管理群によって運用されている。その後、米軍接収部分は昭和五四年までにすべて日本側に返還され、現在広大な柏飛行場跡地には、柏の葉公園、東京大学柏キャンパス、国土交通大学校、科学警察研究所などの公共施設の他、柏の葉住宅、小学校、県立高校などが建設されている。

【参考文献】航空情報編集部編秦郁彦監修『陸軍戦闘機隊』酣燈社、昭和四八年
下志津（高射学校）修親会編『高射戦史』田中書店、昭和五三年
防衛省防衛研究所所蔵資料

2．柏飛行場の整備

櫻井　良樹

柏飛行場の整備と拡張

柏飛行場は、設置、拡張、滑走路の延長と短い間にかなり姿を変えている。その変貌を二つの飛行場図から見てみよう。その一つが水路部による昭和一四（一九三九）年一〇月発行の『航空路資料　第三　其ノ三』で、もう一つは一九年一〇月に発行された『航空路資料第一　本州九州』である。前者は一三年一一月調のものであるから柏飛行場完成直後のもの、後者はそれから約四年半たった一八年四月調のものである。二つの資料に掲載された飛行場の図と説明書を比較してみると、この間の柏飛行場の変化を知ることができる。開設直後の飛行場は東西約一五〇〇メートル、南北約一三〇〇メートル（総面積は約一四五万平方メートル＝一四五ヘクタール）であったというから、終戦時（約二六四ヘクタール）までには一・八倍に拡張されている。

飛行場が設けられた土地は、もともと雑木林地帯であり、それを伐採、整地・土ならししたものであった。土地は平均標高約二〇メートルの位置にあり、ほぼ平坦であったが、整地にあたって中央を南北に分水嶺を設け、東西に向けて三〇〇〇分の一の傾斜を設けて排水を良くし、飛行場の東西周縁に幅三メートル、深さ約一メートルの排水溝をめぐらし、さらに東西および南西の分廠付近の三ヵ所に排水を溜めるための施設を設けて場内の雨水を停滞させせないようにしてあった。開設当初は全面牧草で覆われ、特に着陸地域は芝が密生しており、着陸可能区域は東西約八〇〇メートル、南北約一〇〇〇メートルの不等五辺形地区であった。設置されたばかりであり、地表はやや軟弱な部分があり、また予定されている滑走路が未完成であり、着陸区域のどこにでも着陸できたが、舗装されていなかったために冬季には霜が解けてぬかるむこともあった。ただ離着陸に適当な方向は北北西あるいは南南東とされており、後にそのような方向に滑走路が整備される。

飛行場の北側は射撃場となっており、南西角に格納庫（三個と記されている、二棟は高さ約六メートル・間口八四メートル・奥行約五〇メートル、一棟は間口が半分の四二メートル）が置かれ、西側にも小さな射撃場があった。初石から若柴を結ぶ道路は飛行場の前までは広かったが、その先はまだ細く自動車の通行はできなかった。この道に沿って倉庫・油庫・弾丸庫が建ち並び、正門は豊四季に向けて新たに整備された道路との交差点にあった。そこから北へ飛行場に入ると西側に炊事場・浴室や高架水槽・医務室があり、さらに奥に進むと兵舎が三棟あった。この奥が格納庫である。『柏市史年表』によると、分廠の竣工は昭和一三年一二月、落成式は翌年四月二六日であるので、まだこの図には描かれていない。

昭和一八（一九四三）年四月の飛行場の図を見ると、一〇〇〇メートルの長さの滑走路が整備され、南西には飛行第五戦隊の建物のほかに、陸軍航空廠柏分廠の建物が新たに建ち並び、柏観測所も分廠のすぐ北に置かれている。格納庫は五棟に増えている。飛行場自体は、南側は滑走路の南端の延長線上の部分が少しだけ拡大されているのに対して、北側の部分が大きく変形・拡張されている。もと射撃場であったところから大きく東側にかけて細長く拡張され、さらに滑走路の北の部分が延長されている。これによって南北方向と東西方向の二つの方向からの離着陸が可能となったように思われる。ただし説明によると、滑走路以外の部分は平滑な芝生が密生しており、離着陸は可能であったが、滑走路を主用としていたようで

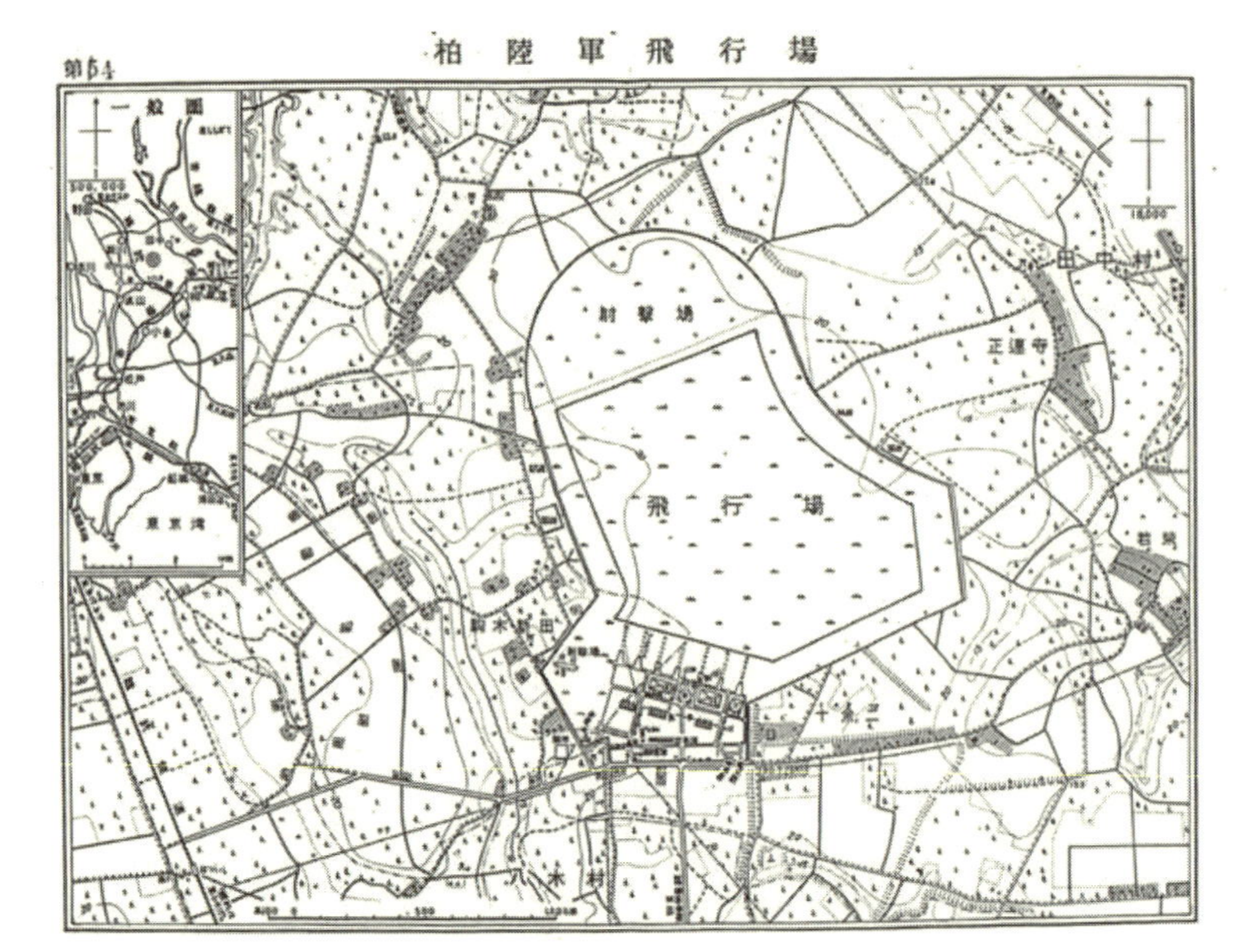

柏陸軍飛行場地図（昭和13年11月）

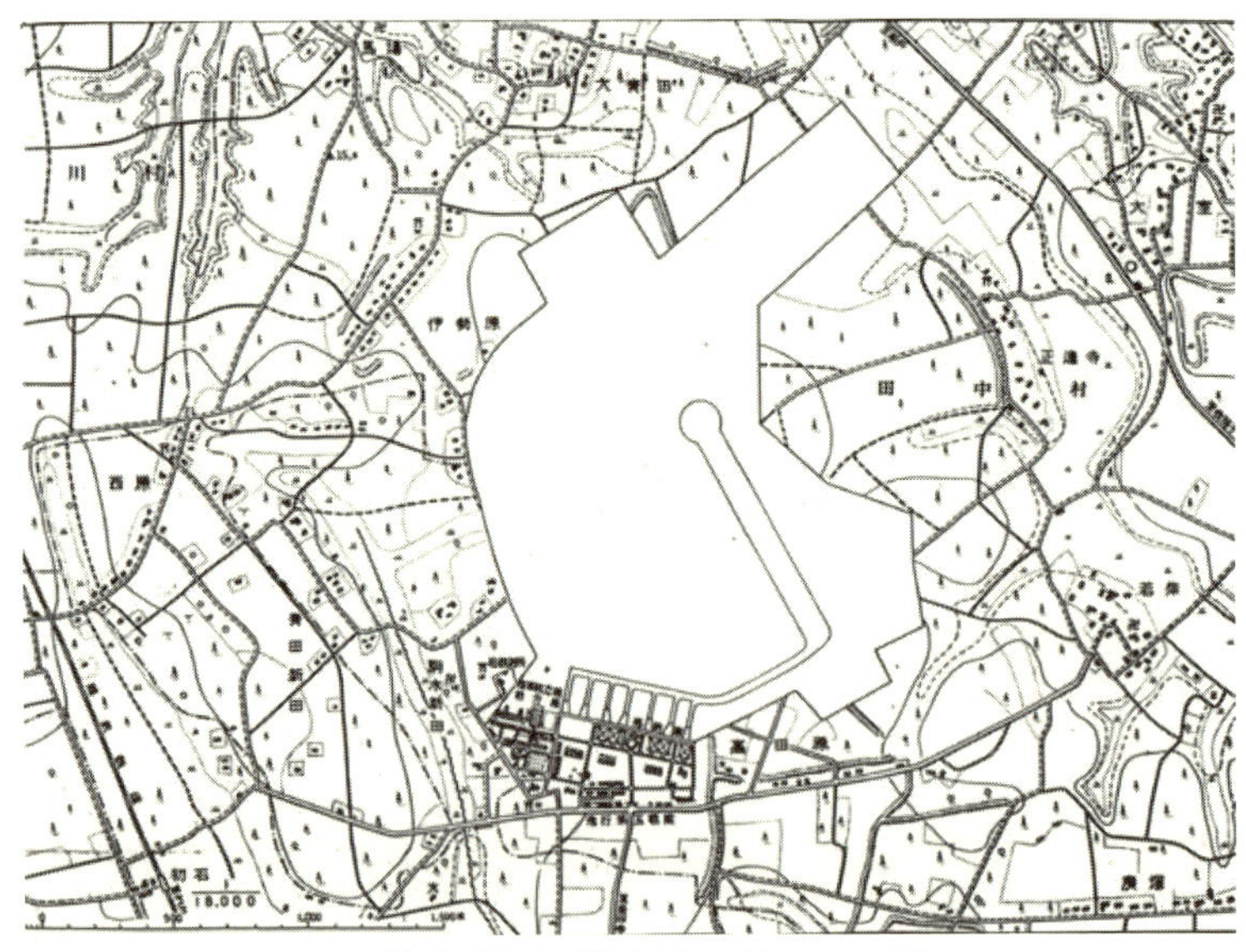

柏陸軍飛行場地図（昭和18年4月）

ある。

この北側の部分の大拡張がなされたのは、一七年秋のことであった。これには次のような有名なエピソードが絡んでいる（『建設機械化の一〇年』）。一七年五月に海軍がウェーキ島を占領した時に、米軍が設定に取りかかっていた飛行場の付近に異様な形をした大きな機械が点々としていた。何の機械かぜんぜんわからなかったため放っておき、従来のやり方で航空基地の建設をはじめたところ、捕虜の一人が自分に機械を使わせてくれたら二、三日で片付けてみせると豪語したので、やらせてみたところ三日ほどで整地を完成させてしまった。米軍はSea beesという航空基地設定の特殊部隊を持っていて、ブルドーザ、キャリオール（運土機）、パワーショベル、モーターグレーダ（路面成形機）などを駆使していたのであった。日本に持って帰って研究することになったが、その時の戦局はまだ日本に有利であったため、真剣味に欠けていた。

ところが六月のミッドウェイ海戦での敗北、八月以後のソロモン方面における情勢の悪化を受けて、九月頃には日本軍でもいかに航空基地建設を早く進めて行くかが、制空権確保の帰趨を決する要素として認識されるようになった。陸軍の西条少佐の話により、日本軍の数十倍のスピードで米軍が航空基地を南方の島々を飛び石づたいに構築しているため、制空権が取られ日本軍は圧迫され始めたというのであった。そして必然的に重建設機械の製作が焦眉の急になって来た。東条英機陸軍大臣（首相の兼務）が「米軍は一週間で飛行場を設定している。日本軍は三日でこれを設定するように至急研究せよ」と命じたのは八月末のことであった。この研究の中心になったのが当時内務省土木試験所第一部長の松村孫治博士であった。松村には「飛行場設定の土木作業」という論文があるそうだ（未見）。

日本でブルドーザが最初にできあがって来たのは、昭和一八（一九四三）年一月のこと（小松製作所製）

で、海軍が航空基地整備用に作らせたものである（現在、七月に作られたものが「機械遺産」に認定されている）。「日本ブルドーザ史」によると、この試作の過程で、一七年八月下旬から二週間余、研究試験場として柏飛行場が用いられ、主に抜根の研究がなされたことがあったという。八月下旬であるから、まだ開発の初期段階であった。

驚くべきことに、それまでの飛行場整備は、ほとんど人力・手作業で行われており、やや困難な地形では最低でも六か月以上の日数がかかっていた。柏飛行場の建設にあたって、民間人が多く動員されたのも、そのためであった。戦局の悪化の中で、それを高度に機械化して作業する必要性を痛切に感じるにいたったのであった（「作戦飛行場ノ急速設定ニ関スル件」）。機械化というのは、具体的にはパワーシャベルやダンプカーのような大型車輌の利用を指し、それを用いることによって長さ一〇〇〇メートル、幅二〇〇メートルの滑走路を五日から一二日の標準で作ることを目指すことになった。そして市ヶ谷に集められた器材は、「内地所要の飛行場〔空白〕に付、急速設定に関する実地試験を行はしめ、以て所要の改善資料を求む」ることになった。

この実地試験の場所として選ばれたのも柏飛行場だった。そして柏における実験で切り開かれたのが、飛行場の北東側の森であったようだ。『戦史叢書』には九月から約二か月間、柏飛行場の拡張を兼ねて実施されたと記されている。

陸航飛設定練習部の陸軍少佐今村博純は次のような回想記録を残している（『昭和一六〜二〇陸軍飛行場と設定整備』）。この試験は、航空本部総務課長川島虎之輔大佐の陣頭指揮の下に、省部の課員も加わり衆知を絞って二週間にわたり行われた。しかしこれはそう簡単なことではなかった。使える機械を揃えることが難しかった。軍のもので流用できそうなものとして、伐開車、伐掃車や重牽引車などが選ばれたが、民間のものをも含めて、当時日本の土木機材はきわめて原始的で、運土車（ダンプカー）一輌、掬土車（動力ショベル）一輌、六屯牽引車六輌、伐根機一台、伐開車一組を、ようやく集められたに過ぎなかった。これらの機材を柏飛行場の横にある森林に持ち込んで試験が行なわれたが、それも応急的なもので、熱帯における利用価値はもちろん断定できなかったという。

この演習による研究結果は次のようなものであった。

一、伐開車・伐掃車　これは北方の密林地帯を突破攻撃するための秘密兵器であり、柏飛行場付近の雑木林には、もちろん有効であった。南方のジャングル地帯では未知数であるが、椰子林には利用価値があるとみなされた。

二、六トン牽引車　これは重砲の牽引車であり、牽引能力は優秀であるが、自重が過大な難点があった。

三、運土車（ダンプカー）　これは東京都〔ママ〕土木局にあった一台であり、利用価値大と判定された。

四、掬土機（動力シャベル）　これは東京都〔ママ〕が掘ざらいに使用していたもので、一回に二分の一立方メートルの土砂をすくうことができるが、自重が三〇トンもあり、柏までの約三〇キロの移動に一〇時間もかかったのであり、野戦には使用不能であった。

五、抜根機　これは農林省で桑の抜根に使用したもので、能力が小なため南方作戦用には不向きであった。

そして実験が終わった後、伐開車一、伐掃車二、運土車一など今回研究されたものを装備するとともに、在来の手押台車、円匙、十字鍬、自動貨車なども併せ装備する本邦初の機械化部隊である第一一飛行場設定隊が編成されることになった。だが機械化部隊とは言っても、名のみの機械化部隊で多くを期待することはできなかった。前述したように最初のブルドーザが製作されたのは翌年一月のこと、キャリオールはさらに遅れて三月だから、まさに名のみと言って良い。ただ部隊自身の兵力により一日数百立方メートルの土量を動かし得る能力があったという点で進歩であり、これまでのものとは異なったという。また実験の結果、日本の土木機材の貧困を認識させ、それらの研究試作の必要、飛行場設定部隊要員の教育訓練と編成補充を担当する機関を創設する必要を確認させることになり、一八年二月に陸軍飛行場設定練習部が豊橋に創設された。

そして第一一野戦飛行場設定隊の編成は、柏の飛行第五戦隊のもとで一一月二五日に着手され、一二月三日に完成された（「昭和一七年陸亜密大日記　第六四号　1／2」）。

なおここには掲げなかったが、終戦前後の米軍機から撮影した空中写真（本書の飛行場復元図参照）からは、南北方向の滑走路が一五〇〇メートルに五〇〇メートル分延伸されていることがわかる（幅は一〇〇メートルで変わらず）。戦後になって第一復員局が作製した『陸軍飛行場要覧（本土）』によれば、このうち一〇〇〇メートルは栗石を基礎とするアスファルト舗装で、残りの五〇〇メートルが五センチメートルの栗石に厚さ一〇センチメートルのコンクリート舗装をしたものであったと記されている。一九年四月二〇日調製の『飛行場記録　内地』でも、まだ延長された部分の滑走路は書き込まれていないので、滑走路が延長されて北側の延伸部分にコンクリート舗装工事が施されたのは、同年後半以後に行われたと推測される。また『陸軍飛行場要覧（本土）』では兵員収容力が一五〇〇人であるのに対して、『飛行場記録　内地』では六五〇人とされており、戦争末期になってまだ建物が建てられていたことを推測させる（なお敷地面積は二二一万九五〇〇平方メートルとされている）。

以上のように柏飛行場の姿は、新技術を開発する場としての機能を果たしていくなかで変貌していったと言える。

戦局の悪化と柏飛行場

戦局が悪化し本土空襲が始まり、防空対策の必要性が高まってくると、柏飛行場でも対策が取られるようになる。昭和一九（一九四四）年六月頃から飛行場に多くの人が動員され、例えば間口二メートル、奥行二〇メートル、深さ二メートルのような「壕」を掘る作業を行わされている（「平川善之助日記」七月一〇日）。飛行機の掩体壕が作られるようになったのも、この頃のことであった。同年八月三日から六日にかけて新川村（現、流山市）の村民が東部一一八部隊「飛行機分散所」建設のため、田中村正連寺前および伊勢原に集合して勤労奉仕に従事したことや、翌年三月二四日から二八日にかけて初石駅付近に柏飛行場の「飛行機分散所」を建設、付近村民が勤労奉仕に従事した記録が残っている（『流山近代史』）。この「飛行機分散所」というのが、飛行場の誘導路沿いに設けられた掩体壕のことを指している。

さらに昭和二〇年春から夏になると、いっそうの防護が高められていく。『本土防空作戦記録』には、次のような指示がなされたことが記されている。「本土決戦に際し各飛行場は必ずや熾烈なる敵の砲爆撃を蒙り、一瞬にして其の機能を失ふことあるべきを予想し、各飛行場の要塞化と独立性の附与との目的を以て次の如く処置をなせり」として、その最初に「飛行機の秘匿位置と誘導路とを更に増設し分散秘匿を徹底す」ることを挙げている。そして五月七日の第一〇飛行師団命令（第六九号）は、柏飛行場を含む首都圏の陸軍飛行場（調布・成増・越ヶ谷・柏・松戸・藤ヶ谷・印旛・竜ヶ崎・松山）に関する「と号機秘匿位置基準」を定め、六月一日に作業完成状況を報告することを求めた。「と号機」というのは、本土決戦のために発動される予定であったと号作戦に用いる飛行機を指すもので、特に温存が図られたものであった。次頁の図によると柏にも二五機が配備・隠匿されたことになる（真ん中の8のような数字は、誘導路のように

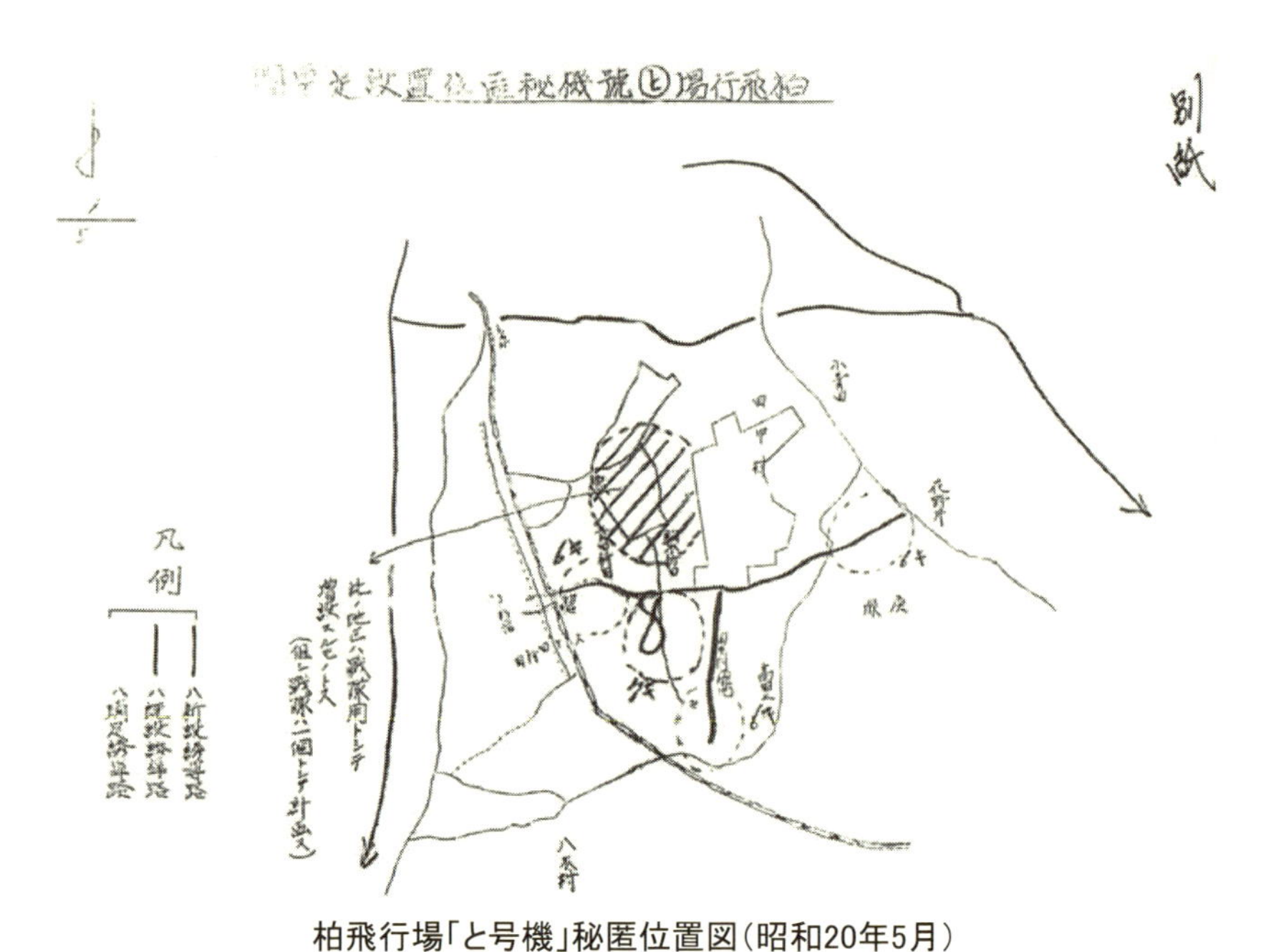

柏飛行場「と号機」秘匿位置図（昭和20年5月）

も見える）。これに積む燃料・弾薬なども、飛行場四キロメートル内外の場所に洞窟式横穴を掘り分散して格納された。同様なと号機の秘匿は藤ヶ谷飛行場や松戸飛行場でも行われており、その秘匿場所は現在の柏市域に及んでいた。

白黒なのでわかりにくいが、原図には色が施されており、この柏北部と流山北部の地区を囲んでいる先に矢印の施してある太い線（青鉛筆で記されている）は説明によると新設誘導路ということになるが、北側の東西の線が利根運河、東側の斜線が利根川、西側の南北の線が江戸川に沿って記入されているので、あるいは川筋を示すものではなかろうか。柏飛行場の入口からTの字に描かれているのが既設誘導路である（初石と花野井を結ぶ東西の線と、田中村飛地という字の左脇に南北に引かれている線）。と号機の秘匿場所は、その誘導路先端部に点線で書かれた輪の部分とされている。飛行場の周辺に設けられた掩体壕とは違い、数キロメートルも離れている初石駅付近（西）・花野井木戸付近（東）・豊四季駅付近（南）にまで及んでいる。これらが実際に完成に至ったかどうかは定かで無い。

特攻隊については、B29に対する体当たり攻撃を行う震天隊が、柏飛行場の飛行第一八戦隊にも一月に二隊（一一七・一一八部隊）が編成され、六月までに第七〇戦隊に更に二隊（一二九・一三〇部隊）の設置が命じられている。どの隊かは不明だが、戦隊に勤めていた女性が、「特攻が出て行くときは、酒保で酒盛りをしていた。酒盛りの声が聞こえてくると、ああまた特攻へ出て行くんだなぁ、と思った」という証言も残っている。

しかしここで秘匿が命じられたと号機は、特に本土決戦を意識して「決〇と号」というように「決」の字を冠せて呼ばれているもので、九十九里浜沖から攻めてくると予想される敵艦への水際攻撃を想定したものである。

五月一八日（飛師作命第七五号）、この「決〇と号部隊」は神鷲隊と命名され、柏でも飛行第一八戦隊（六月藤ヶ谷飛行場が完成すると松戸に移駐）に第二三三・二七三・二七七の、飛行第七〇戦隊に第二七五・二七六・二八一・二八二の神鷲隊が設けられた（一隊四機編成）。さらに六月一五日には飛行第七〇戦隊に第二九一・二九二の神鷲隊編成が命じられている（飛師作命第九七号）。そしてさらに七月二一日、この第二九一神鷲隊は第一〇飛行師団の直轄とされ「艦砲射撃に任ずる敵艦艇の攻撃」準備のために東金に移された（飛師作命第一三五号）。これが「しゃち攻撃」と称されるものであった。神鷲隊は、飛行機の準備等のために遅延し八月五日頃にいたりようやく態勢を整え、東金飛行場を中心に教育・訓練がなされることになった。この遅れは、飛行機工場の被爆などにより飛行機の補充が困難になったためであろう。それを補うために、この頃には、それぞれの飛行場で自隊における修理能力の向上を図るために独立整備隊が配

OPNAV-16-223
Form ACA-1
Sheet 4 of 5.

AIRCRAFT ACTION REPORT

Report No. VBF-86
#36

S-E-C-R-E-T

XII. TACTICAL AND OPERATIONAL DATA.

NARRATIVE

The following pilots participated in Strike C-5:

Lt. J.R. THOMSON(Strike Leader)	Lt. B.Y. WEBER*	Lt. R.S. HORTON
Lt.(jg) W.E. RUSSELL	Ens. W.D. HUDSON	Lt.(jg) J.E. IVY
Lt.(jg) W.E. BRIDWELL, Jr.	Lt. E.E. GULF	Lt.(jg) R.L. McCREW
Lt.(jg) T.J. GOSSMAN	Ens. L.B. CONNELL*	Ens. M.E. MASSEY

* LT. WEBER and Ens. CONNELL returned to base due to rough engine and fuel transfer trouble, respectively.

The flight first attacked Imba (2758) from West to East, concentrating bombs and rockets on the two hangars. The hangars were seriously damaged. Lt. THOMSON then led the flight to Kashiwa (2764) where a West to E attack was made on the buildings in the Southwest corner of the field. Fires were started in the buildings. Upon recovery, a railroad train was sighted at the Town of Moriya. The flight subjected the freight train to a heavy strafing attack and six HVARs were fired. The locomotive was seriously damaged. After recovery, the planes returned to Imba (2778) and made a North to South strafing attack. The damage to the hangar from the first attack was observed to be serious and the AA coming from the top of one of the hangars on the first attack was lacking on the second attack. Planes noted on both fields appeared to be dummies. South of Imba, Lt. THOMSON noticed a radio station, probably a range station because of the four high antennae, and all planes subjected this to severe strafing. The flight then flew up the coast as far as Matsumi and then back South, looking for targets of opportunity. Lt.(jg) RUSSELL had two rockets left and he fired these at some buildings near the airfield at Choja (2751).

Heavy AA at Choshi Point was moderate and accurate. Medium and light AA at Imba was intense during the first attack but greatly decreased on the second. Heavy AA at Kashiwa was moderate.

Bombs and rockets were armed for instantaneous firing.

米軍の柏飛行場爆撃報告書
（昭和20年8月13日）

備され、柏にも第一八四独立整備隊が配属されたが、これらは新編成部隊のため余り効果がなかったという。

またこの図には興味深いことが書かれている。それは円形に斜線を付した部分で、西原から駒木新田にかけての部分の飛行場東側にあたる部分に「此の地区は戦隊用として増設するものとす（但し戦隊は一個として計画す）」と記されている。これはこの頃、さらに柏飛行場の拡張が予定されていたことを示すものであろう。

柏飛行場は、米軍の空襲を何回か受けている。付近を含めて言えば、昭和二〇年三月四日に松ヶ崎に焼夷弾が落とされ住宅が被害を受け、五月八日には日立の工場がＰ51の機銃掃射により防空監視員二人が死亡、五月二五日には柏飛行場がＰ51のロケット弾の攻撃を受けて、航空機が破壊され格納庫が炎上、七月一〇日に流山市域である青田で農作業中の女性が、また同月（日不明）大室の防空監視哨の監視員が機銃掃射によって死亡し、八月六日には気象台技術官養成所の学生が負傷、一〇日にはＦ６Ｆの機銃掃射により日立の工場の勤労女子学生一人、同月（日不明）大青田の爆撃により小児一人が死亡している。流山では二月二四日に糧秣廠が攻撃目標となり一〇発の爆弾の投下を受け、六人が即死、九人が重軽傷を負い、多くの建物の被害が出ている（『流山近代史』、『柏市史年表』、『柏市史』）。

いっぽう米軍の被害はどうであったのか。三月一〇日の東京大空襲のために来襲したＢ29米軍機（一機あるいは二機）が柏飛行場の高射砲により飛行場の北側に（大青田あるいは三ヶ尾、あるいは両方）に撃墜され、五月二五日にはＢ29一機が初石駅西方に、三〇日にもＢ29一機が我孫子・取手間の堤防に墜落、さらに六月には一機が福田村に墜落している（『柏市史年表』、『柏市史』）。柏飛行場には、夜間の来襲に備えて電波誘導隊が置かれ、無照明夜間邀撃演習等も実施されたという。

終戦の直前の八月一三日にも米軍の爆撃により、柏飛行場は大きな被害を受けた。それを示しているのが米軍の爆撃報告記録である（「米国戦略爆撃団報告書」）。それによれば、この日、印旛飛行場（２７５８）、柏飛行場（２７６４）を目標に一一時四五分に基地を離陸したトムソン中佐率いる一二機のＦ４Ｕコルセア（F4U Corsair）は、一二五〇〇 feet の高度で一三時に目標に近づき、一四時にかけて爆撃が行われた。カッコ内の数字は米軍が与えた攻撃目標のコードナンバーである。

最初に印旛飛行場が西方から東に向けて攻撃され、二つのハンガーに爆弾とロケット弾を集中し、ハンガーは大きな損害を受けた。次に柏飛行場に向かい、そこで西方から東へ飛行場の南西のコーナーにある建物を攻撃した。建物から火の手が上がった。ついで態勢を立て直し、守谷町の傍に列車が見えたので、それを攻撃し、再び印旛飛行場を攻撃して、一六時一五分に帰還したという報告である。この時に柏飛行場に落とされた爆弾は四発、ロケット弾二四発で、建物に大きな損害を与えたと報告されている。ところで柏で編成が命じられ東金に移った第二九一神鷲隊々員の陸軍少尉鶴岡弘は、八月一三日銚子沖に近接して来る敵機動部隊に対して出撃し消息を絶っている（『神鷲隊員追悼録資料集』）が、それはまさにこの柏飛行場を狙った攻撃に対するものであったと思われる。

以上のように、終戦間際の柏飛行場周辺も戦争末期には戦場のような状態が目前に迫ってきていたと言えよう。

掩体壕の築造と機能

本会会員が、柏飛行場にかつて存在した掩体壕が現在も残っていることを「発見」したのは平成二一(二〇〇九)年夏のことであった。掩体とは、敵の攻撃から守るために設けられた遮蔽物をさしており、掩体壕は土もしくはコンクリートなどで造られた壕ということになる。

掩体壕は飛行場内や隣接地、また誘導路沿いに造られた。兵隊たちも作業をしただろうが、この掩体壕造りには中学生も動員されていることがわかった。平成二四年に直接または電話で聞き取りをした、東葛飾中学の富澤秀男氏(昭和三年一二月生まれ)、千葉中学のI・M氏(昭和四年二月生まれ)、T・S氏(昭和四年一月生まれ)は、いずれも三年生の時に柏飛行場で掩体壕を造った。

東葛飾中学校の富澤氏は三年生の暑い時期、同じ学年の二〇〇人とともに一〇日〜一五日程度働いた。「掩体壕の場所は、飛行場東側、飛行場と民有地の境あたりに山林の中ではなかったか」と推測する。地面にコの字型に張ってあった縄の形どおりに、近くの土を掘って積み上げた。高さは五〜六メートルぐらいで、当時も「掩体壕」と呼んでいた。宿泊は近くの山林の中に建てられた兵舎であった。

千葉中学のI・M氏、T・S氏は千葉から列車に乗り、豊四季駅で下車し、柏飛行場に向かった。I・M氏は縦横八〇センチメートルよりも少し小さ目の藁で作った「かます(袋)」に土を詰めて積み上げ、コの字型の掩体壕を造った。T・S氏はコンクリートの基礎の上に土をかぶせる作業をしたという。いずれも滑走路が見え、戦闘機の鐘馗があったのをはっきり覚えていることから、場内の掩体壕を造る作業だったことがわかる。

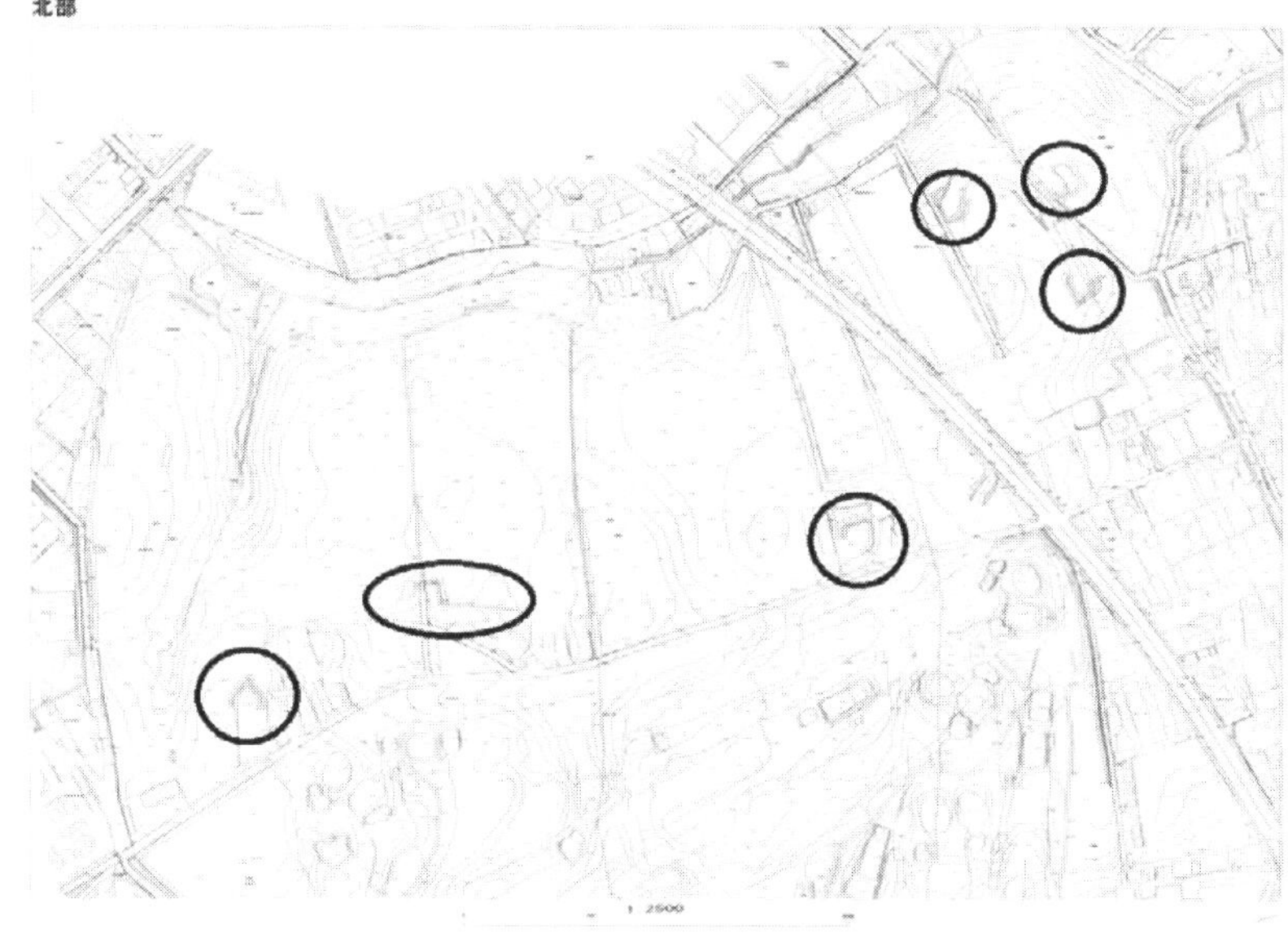

東誘導路沿いの掩体壕6基の形がわかる地形図
（千葉県提供、〇は当会で加筆）

本会が「発見」した現在も残っている掩体壕（上図参照）は、飛行場内のものではなく、戦争末期になって飛行機を隠す必要から、飛行場の外側に誘導路を設けて、その奥に造られたものである。この土で盛られた無蓋の掩体壕が昭和一九年から翌年に造られたことは、『流山市史』や『柏市史』に田中村や新川村の人々が「飛行機分散所」の建設に動員されたという記録が残っていることよりわかる。

この掩体壕を「発見」できたのは、国土地理院の空中写真のデータベースが利用できたことが大きい。ここには戦後米軍が撮影した日本各地の空中写真も収められており、戦争が済んでからずいぶんたった写真に多くの人工的なものが写っていた。また、同地区の整備・開発の過程で作られた地形図の旧柏ゴルフ倶楽部の北側の部分に馬蹄形の構造物が描かれていたこともあり、会員の何名かが現地を調査し現在もそれが残っていることを発見したのである。

さて柏飛行場の誘導路上の掩体壕は、どのような役割を果たしていたか。それを調べるために、旧軍の資料を所蔵している防衛省の防衛研究所図書館を訪ねることとした。ここには各地の飛行場の地図や、帝都防衛関係の資料があることがわかっていた。

そこの資料を見ていたら、戦争末期になって空襲が現実化してくると、航空機を守るために、それを隠す施設として掩体壕が造られるようになったことが書かれていた。飛行場に機体を置いておくと、格好の爆撃や掃射目標となるので、飛行場の外に誘導路を引いていき、森の中や谷間に土手やコンクリートで囲いを造って隠すのである。

掩体壕について次のような記録があった（『本土防空作戦記録』昭和二一年一二月、第一復員局（陸空・本土防空2）八一頁以下、適宜句読点を付した）。

比島作戦開始せらるるに及び、敵艦載機の攻撃を受くるに方り、更に徹底せる防禦処置を構ずるに非んば、忽ち航空戦力を破砕せらるるに至るべく、更に航空機生産能力の減退に鑑み現有戦力の絶対確保に最善を期し、以て本土決戦に備ふること緊要にして、之が為の消極的施策を構ずるの余儀なき状態に立到れり、之が為二十年初頭より徹底せる分散秘匿を強行し、飛行機は自然の道路を利用して飛行場より遠く離れたる森林、村落内に、又燃料、弾薬は飛行場より四粁以上離れたる山間、森林内に蔭匿するに勉めたり

柏飛行場に即して言えば、銚子沖から東京をめざして飛んでくるアメリカ軍の飛行機から守るために作られたということになる。七九個の掩体壕があったそうだ（『本土における陸軍飛行場要覧』（第一復員局（陸空・本土防空7））。

しかし掩体壕は、本当に役立ったのだろうか。そもそも柏飛行場は帝都防衛のために作られたものであ

る。それが機能するためには、敵機来襲に機敏に対応できないといけない。そのためには余りに滑走路から遠いところに飛行機を隠してしまうと急場には役にたたない。また本当にアメリカ軍の目から飛行機を隠すことなどできたのだろうか。アメリカ軍は、戦争中から偵察機を飛ばしており、上空から空中写真を撮っていた。僕らが戦後の空中写真を見て掩体壕だと確認できるならば、戦争中のアメリカ軍にとって掩体壕の発見などは朝飯前であるだろうし、そんなことで飛行機を匿すことができると日本軍が思っていたとしたら、それはいかにアメリカを日本がみくびっていたことを示す証拠になろう。日本においても空中写真の活用は大正後期から始まっており、地上の構造物の判別方法なども教えられていた。

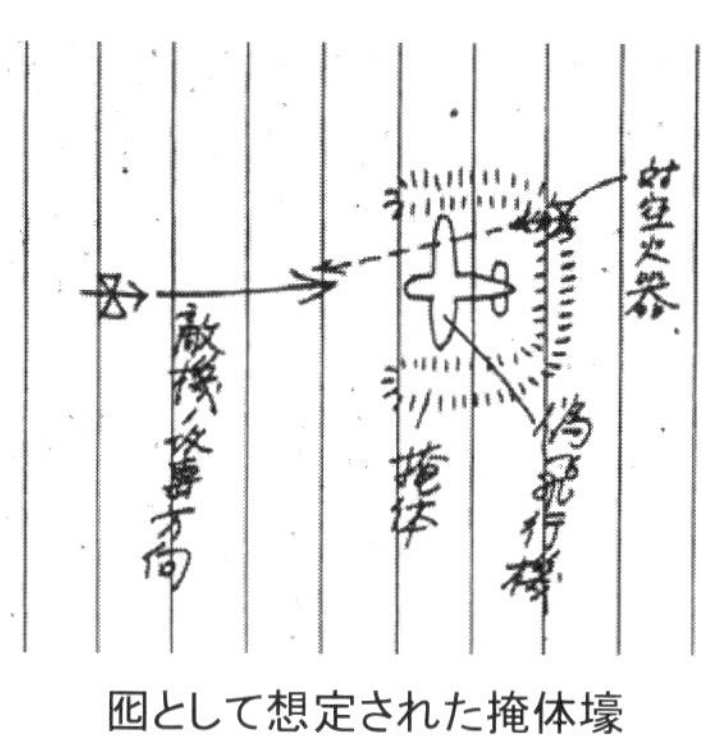

囮として想定された掩体壕

そんなことを考えながら資料をめくっていたら、上のような図が出て来た。掩体壕の中には偽物の飛行機を置いておき、その後ろに機関銃を備えておいて、敵機が正面から掃射してきたら撃ち返すということを想定した図だった。それならば掩体壕は囮（おとり）の役割を持っていたということで理解できる。もっとも米軍の攻撃目標は帝都であるから、そんな囮に引っかかるわけはないが。

【参考文献】

『航空路資料　第三　其ノ三』（防研・⑤航空基地１１１）
『航空路資料第一　本州九州』（防研・⑤航空基地９８）
『昭和一六〜二〇陸軍飛行場と設定整備』（防研・文庫・依託５６２）

『陸軍飛行場要覧（本土）』（防研・陸空・本土防空7）
『飛行場記録　内地』（陸空・本土防空48）
日本建設機械化協会編『建設機械化の一〇年』（同会、昭和三四年）
防衛庁防衛研究所戦史部編『戦史叢書97陸軍航空作戦基盤の建設運用』（朝雲出版社、昭和五四年）
「日本ブルドーザ史」(http://hw001.spaaqs.ne.jp/geomover/hstry/hstrybd.html)
「作戦飛行場ノ急速設定ニ関スル件」（「昭和一七年陸亜密大日記　第五二号　1／3」アジア歴史資料センター
Ref.C01000793000)
「昭和一七年陸亜密大日記　第六四号　1／2」（アジア歴史資料センター Ref.C01000946300)
「米国戦略爆撃団報告書」Aircraft Action Report
『本土防空作戦記録』（昭和二五年一二月、防研・本土・東部8）
『神鷲隊員追悼録資料集』（陸空・本土周辺・89）

第三章　「秋水」と柏飛行場

柴田　一哉

1．有人ロケット「秋水」の開発

設計図を求めて

昭和一九（一九四四）年六月一五日、米軍は日本軍守備隊が守るサイパン島へ上陸攻撃を開始した。上陸作戦は、戦略爆撃機Ｂ29が太平洋上から直接日本本土を爆撃できる飛行場の奪取を目的としていた。同日、この作戦を側面から支援するため、米国陸軍航空軍は中国・成都より九州八幡製鉄所に向けて戦略爆撃機を発進、「超空の要塞」と呼ばれたＢ29による初の本土空襲を行った。同七月七日には日本軍守備隊の全滅によりサイパン島陥落、ついに「帝都東京」までもがＢ29の爆撃可能な範囲に入った。

昭和一八年には新型重爆撃機Ｂ29の出現情報が日本側でも入手されていたが、眼前の傾きつつある戦局挽回が優先され、未知の戦略爆撃機への対抗策が具体化することはなかった。ただし、既に南方戦線に投入されていた米国爆撃機「B17の対策に頭をしぼっていた」（『B29対陸軍戦闘隊』）現状では、さらに高性能な新型重爆撃機が出現すれば、既存の防空戦闘機では有効な防御が出来ないことは明らかであった。この時期、同盟国ドイツの駐独日本海軍武官室からもたらされたのが、ロケット機・ジェット機に関する機密情報である。

駐独日本海軍武官室では日独軍事技術協定に基づき、阿部勝雄中将がMe２６２Aジェット戦闘機およびMe１６３Bロケット戦闘機の製造権譲渡についてドイツ航空省ミルヒ長官と交渉を始めた。しかし、ドイツは日本の遅れた技術での国産化と連合国により輸送船が拿捕され最高機密兵器が敵の手に渡ることに不安を感じていたため、各種機密兵器の製造権譲渡には消極的であった（『幻のレーダー・ウルツブルグ』）。

昭和一九年三月一一日、遣独潜水艦四番艦伊二九がドイツ統治下のフランス・ロリアンに到着した。欧州大戦の勃発とともに枢軸国であった日独間の軍需物資輸送は陸上路・海上路を共に封鎖されたため、深海を隠密裏に行く潜水艦だけが唯一の連絡便となっていた。すでに三隻の潜水艦が遣独作戦の任務に就いたが、無事に日独間の往復に成功したのは二番艦の伊八だけであった。

伊二九がドイツ国内で欠乏していた錫、タングステン、天然ゴムなどの供与軍需物資を積載してきたためドイツ側の態度が軟化し、技術供与が決定されることとなった。戦局挽回の切り札と期待された噴射推進式飛行機であるMe２６２AとMe１６３Bの情報は、一刻も早く、そして確実に日本へ届くことが求められた。そのため担当者の吉川春夫技術中佐と巌谷英一技術中佐が、それぞれ同じ資料を携え二隻の潜水艦に分かれて乗り込み帰国することとなった（『機密兵器の全貌』）。

三月二七日、吉川中佐と巌谷中佐によって資料の調査と受領が行われた。Me２６２Aはターボジェットエンジンを二基装備した双発のジェット戦闘機及び爆撃機であり、その洗練された機体は次世代航空機であった。

一方のMe１６３Ｂは、それまでの常識を覆す異形の航空機であった。推進のためのプロペラも水平尾翼もなく、主翼には独特の後退角がつき、尾部の小さい噴射口から高温高圧ガスを噴射して飛行するロケット戦闘機であった。更に主車輪は離陸後、高度一〇メートルほどで離脱投下され、着陸は胴体からせり出した橇によるものであった。

三月二八日、吉川中佐は前日受け取った資料と出発間際までかかってまとめた調査報告書を携えベルリンを離れた。吉川中佐が一組目の資料を携え乗艦した呂五〇一（ドイツからの譲渡潜水艦、元Ｕ１２２４）が出航した二週間後、巌谷中佐を含む帰国者一行が伊二九に乗り込むためベルリンを離れる直前、ドイツ航空省から二組目の資料が手渡されたが、それは吉川中佐が携えた資料と全く同じ資料であった。

先発した呂五〇一は五月一三日、大西洋上にて米護衛駆逐艦フランシス・Ｍ・ロビンソンのソナーに探知され、爆雷攻撃をうけ沈没。便乗者である吉川中佐をはじめ艦長以下全員が戦死し

発進直前のMe163B。尾部の噴射口から「虎の尻尾」と呼ばれる衝撃波がみえる。（光人社）

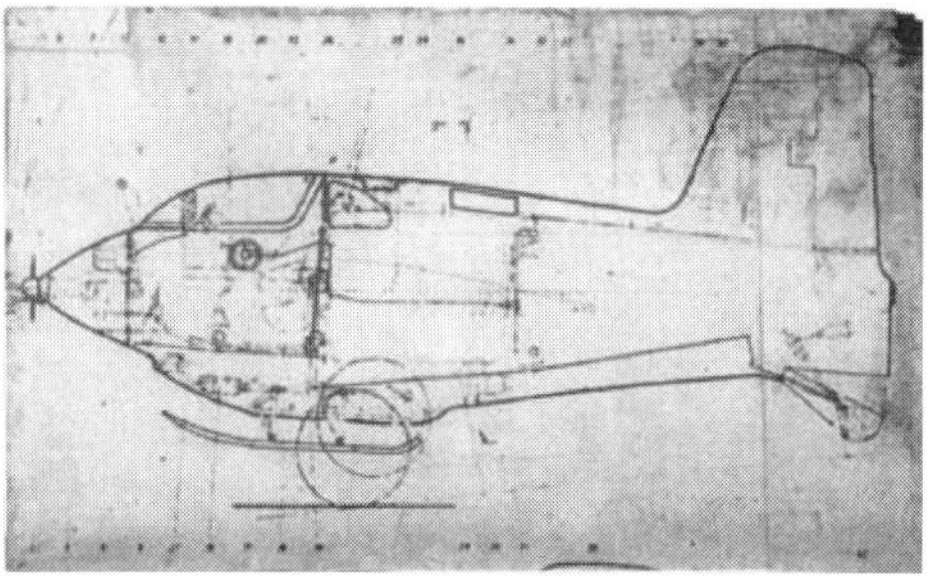

巌谷中佐が持ち帰ったといわれるMe163B資料。三菱機体設計陣の楢原敏彦氏が戦後まで密かに処分せずに所持していた。（三菱重工所蔵）

た。一方、巌谷中佐が乗艦した伊二九は三か月に及ぶ困難な航海の末、七月一四日、日本統治下のシンガポールにたどり着いた。先を急ぐ巌谷中佐は三日後の一七日、零式輸送機に乗り換え一九日に羽田飛行場へ到着した。巌谷中佐は海軍航空本部へ帰国報告ののち、横須賀の海軍航空技術廠（空技廠）での会議に出席している。会議は連日行われ、三日間に及んだという。七月二六日、シンガポールを出航した伊二九はバリンタン海峡を浮上航行中、米潜水艦ソーフィッシュの雷撃を受け沈没。一名の生存者を除き全員が戦死、積み荷もすべてが海底に沈んだ。※

陸海軍は巌谷中佐の持ち帰った資料をもとに、両機種とも国産化を決定している。Me262Aについては陸軍が一回り大型にした戦闘爆撃機「火龍」を、海軍は逆に小型化した特殊攻撃機「橘花」を開発することとした。一方、Me163Bは陸海軍共同開発機と決定、ロケットエンジンを陸軍主務、機体は海軍主務とし陸海軍統一名称「秋水」とされた。陸軍型式キ200、海軍型式J8M1である「秋水」は乗員一名、八〇パーセント濃度の過酸化水素一・五トンと水化ヒドラジン混合液〇・五トン、合計二トンの液体燃料で最高時速毎時九〇〇キロメートル、全速飛行七分三〇秒、高度一万メートルまで三分三〇秒で到達という驚異的な性能が予想された。

秋水の製作主務は陸海軍が分担することになったが、実務を行うメーカーを競争試作やコンペを行って

日本飛行機山形工場で生産された量産型秋水一号機（昭和二〇年六月）。秋水は実戦投入を急ぐため試作途中から量産機の製作を行っている。（光人社）

から決定する時間的余裕はないため、巌谷資料到着以前既に長崎兵器製作所で液体燃料燃焼実験の経験を持っていた三菱重工に受注させることとなった。内示を受けた三菱には、新型機が液体ロケットであり水平尾翼のない機体であることと、試作機完成までの期間が四か月という過酷な要求が出されている。

陸海軍がロケット戦闘機の実戦投入を熱望したのは、それがＢ29への対抗兵器であると同時に、その燃料が枯渇するガソリンではなく工場生産できる過酸化水素と水化ヒドラジンにあったことが大きな理由として考えられる。昭和一八年のうちに太平洋戦争前までに備蓄した石油の大部分が消費され、開戦前に期待された南方からの石油輸入が途絶した昭和一九年は、アルコール燃料・松根油といった代替燃料に頼らざるを得ない状況になっていたのである（『海軍教官：鮫島竜男』）。

※伊二九の沈没地点については、筆者も「バシー海峡」と記述してきた。しかし現在ではソーフィッシュの戦闘行動報告書によって、バシー海峡よりわずかに南下したバリンタン海峡が沈没地点であることが明らかになっていることから、本稿においてもバリンタン海峡とした。

海軍ロケット戦闘機実験部隊発足

海軍はロケット戦闘機の一日も速い実用化をめざし、官民合同会議と前後して、まだMe１６３B復元の見通しも立たないうちから、横須賀航空隊（横空）の中に「ロケット戦闘機実験部隊」を発足させた。空技廠に隣接する横空は、制式化の前に航空機の実用実験を専門とする部隊である。海軍兵学校六四期生出身の小野二郎大尉のもとに八月一五日頃、朝鮮の大村航空隊元山分遣隊で戦闘機教程（零式艦上戦闘機）を修了した海軍第一三期飛行専修予備学生前期組の中から選抜された小菅藤二郎少尉・鈴木晴利少尉・松本俊三郎少尉ら一六人の少尉が着任し、海軍秋水実験部隊は事実上スタートした。

一六人のテストパイロット達には着任から約一か月間、身体検査・クレペリン反応検査・嘘発見機などを利用した多様なテストが行われた。中でも当時、Me１６３Bで採用されていた与圧式操縦席が、日本では実用化されていないことが重大な問題となった。そのため空技廠医学部では、急激な減圧と温度低下にさらされる高高度への上昇過程における人体への影響を調査する必要があった。

テストパイロットと同じように酸素マスクをつけた軍医が、毎回データ収集のため付き添う高高度飛行訓練は、低温低圧実験用タンクの中に入って行なわれた。当初は二〇分で高度一万メートルと同じ気圧まで減圧された訓練も徐々にエスカレートした。最終的には三分三〇秒で上昇、一分三〇秒で降下した状態となるような減圧が行われる過酷な訓練が続けられた。この訓練を経験した高田幸男氏は、「テストパイロットと聞いていたので、自分たちが新鋭機をテストすると思っていたら『自分たちがテストされて』しまいました。三分三〇秒で高度一万メートルまで上昇したパイロットなんて、それまでの日本海軍には一人もいませんから、はじめはモルモットだったわけです」と語っている（高田幸雄氏談）。

一か月後には、一六人全員が「秋水搭乗員合格」と告げられた。この事実からも当初「被験者」であったことが伺える。昭和一九年一〇月初旬、飛行訓練のため横空を離れ、百里原航空隊（百里空）に移駐した。百里空では燃料を使い切った秋水が滑空で帰還することを前提にしたグライダー訓練、中間練習機を利用した滑空定着訓練を開始している。また、撃墜したB29より入手した「操縦説明書」を広島高等師範学校卒の三屋嘉夫少尉や東京高等師範学校卒の北村禮少尉が翻訳し、B29の弱点と攻撃方法の研究がされている。部隊内研究会では秋水の高空性能と高速を利してB29の後上方から迫り、背面降下時に一撃をかけ、下方へ抜けたのち再び上昇し二撃目をかける攻撃法が検討された（高田幸雄氏談）。そしてこの時期から「横空百里原派遣隊」という長い名前に換え、その機体名称から「秋水隊」と名乗るようになっている。

軽滑空機・重滑空機

昭和一九（一九四四）年一二月、空技廠は秋水の中間練習機である全木製羽布張りの「軽滑空機　秋草　MXY8」一号機を完成させている。軽滑空機は百里空の「秋水隊」へ納入され、試験飛行を行なうこととなった。本来であれば主務パイロットである小野隊長が試験を行なうところだが、連日の激務から体調を崩し海軍病院に入院したため、一〇月に赴任した海軍兵学校第七〇期生、水上機出身の犬塚豊彦大尉（第一分隊長）が代わりを務めることとなった（高田幸雄氏談）。一二月二六日、空技廠関係者、部隊員の見守る中「艦上攻撃機　天山一一型」に曳航された軽滑空機は離陸、車輪投下も成功した。特殊飛行を行なった後、無事着陸に成功している。

昭和二〇年一月八日には、重滑空機の試験飛行がやはり犬塚大尉によって行なわれた。三菱製重滑空機は

「秋水重滑空機　第三回試験飛行成績」の下書き。機体設計陣油圧担当の中村武氏が保存していた。（三菱重工所蔵）

秋水実機からエンジン・燃料タンク・兵装を除いたものであり、約一トンの重量があった。一〇分間の各種試験飛行を終えた重滑空機は着陸にも成功し、犬塚大尉より「各舵の利き、バランスともに良好」との報告がなされた。試験飛行後の会議では「重滑空機二号機の製作を急がず、実機製作を急ぐこと」と決まった（『異端の空：秋水一閃』）。

このため、重滑空機は一機だけの製作に終わったと考えられる。重滑空機による試験飛行は少なくとも三回行われており、その目的がパイロットの慣熟飛行のためではなく、もっぱら性能試験であったことが「秋水重滑空機　第三回飛行試験成績」から確認できる。

陸軍「特兵隊」の始動

陸軍は昭和一九年一一月二五日、中間練習機である軽滑空機「秋草」完成のめどが立つようになった頃、水戸の常陸教導飛行師団から福生の「航空審査部」へ六名のパイロットを移動させ、「特兵隊員」として秋水の実用実験を担当させることとした。この審査部の中で秋水と火龍の実用実験を担当するのが特殊兵器隊、「特兵隊」である。常陸教飛師からは有滝孝之助大尉（航空士官学校＝航士五三期）、林安仁中尉（航士五六期）、篠原修三中尉（航士五六期）、坂本力郎少尉（航士五七期）、岩沢三郎曹長（下士官操縦学生八七期）、栗原正伍長（少年飛行兵学校一二期）が転属となった。

航空審査部に着任した有滝大尉達はグライダーよる滑空訓練を行ないながら、敵機来襲時には三式戦（キ61）や四式戦（キ84）の試作機を駆って邀撃戦に参加している（林安仁氏談）。昭和一九年の暮れも押しつまった頃、大阪の盾津飛行場でのグライダー訓練設備設営のため特兵隊整備班のうち五〇名程が陸路関西へ向かった。この中に「陸軍特別幹部候補生」である百瀬博明氏らの同期生も含まれていた（百瀬博明氏談）。この頃、審査部では三式戦「飛燕」装備の飛行第一七戦隊の戦隊長としてフィリピン戦を闘った荒蒔義次少佐が帰任した。荒蒔少佐が任じられたのは「特兵隊」隊長であった（『続・陸軍航空の鎮魂』）。

昭和二〇年三月、航空審査部では特兵隊整備班・武装班・車両班に飛行第七〇戦隊が展開する千葉県の内陸部柏飛行場への移動が通達された。柏飛行場における特兵隊は「陸軍航空審査部・柏派遣隊」と呼称した。これは長野県松本市の陸軍エンジン実験場にも特兵隊の派遣隊がすでに移駐していたためで、こちらは「松本派遣隊」であった。柏での実験内容は飛行訓練・誘導・計器・無線・武装・自動車（燃料輸送）であった（『或る陸軍特別幹部候補生の一年間―ロケット戦闘機「秋水」実験隊員』）。

秋水の基地として予定され、施設が建設されたのは、海軍が厚木、陸軍は柏であった。厚木および柏が秋水の基地として選ばれた理由を小野英夫氏は以下のように説明している。

秋水の基地としては、少なくともつぎのような条件を具えていなければならなかった。

第一に、行動半径がせいぜい八〇キロ位しかない秋水にとっては、敵機が東京に侵入する飛行コースをカバーできる位置にあること。

第二に、一時に何百機という秋水が発進する場合も想定して、飛行場の面積が充分にあること。

第三に、薬液の輸送の便や、安全な貯蔵場所を設置するため

柏基地の特兵隊パイロット。右端でタバコを吸っているのが荒蒔義次隊長。左から二人目、屈んで書類に記入しているのが航空機設計で知られる木村秀政氏。（田中昭重氏）

のスペースを有すること。

（『軍都「柏」からの報告（4）』）。

薬液輸送の利便性の面では、東武野田線「豊四季駅」から柏飛行場まで、既に直線の軍用道路がつながっていた。また柏が陸軍飛行場としては珍しくコンクリート舗装された滑走路を持っていたことも選定理由として挙げられる。可燃性の過酸化水素を燃料とする秋水の基地としては、陸軍飛行場に多くみられた草地の滑走路は不適格であったためである。

柏派遣隊到着以前に飛行場滑走路東方の松林の中には、ロケット燃料を保管するL字型の半地下壕が数カ所建設されていた。接触すると爆発の危険があるため、甲液と乙液にはそれぞれ別の地下貯蔵庫が用意された。地下壕の中には棚があり、その上で甲液は「硫酸瓶」とよばれるガラス製の容器、乙液は「一斗缶」と呼ばれる石油缶に保管されていた。

柏基地の近隣で保管されていた「高濃度過酸化水素用燃料ガラス瓶」

甲液は温度変化などにより微量ながら濃度が下がっていくため、百瀬氏達は毎日甲液瓶を一本ずつ地上にあげボーメ計により比重を計測しなければならなかった（百瀬博明氏談）。この燃料庫は主に実験用燃料の貯蔵設備であった。将来秋水が完成した時点で、飛行第七〇戦隊を二式単戦（キ44）から秋水に機種転換させ、ロケット戦闘機部隊として帝都防空にあたらせる計画であった。そのため、基地の東方四キロの花野井・大室地区に実戦用の大型燃料庫を建設していた。

空技廠製軽滑空機秋草二号機は、昭和二〇年

二月中旬には、海軍の百里基地に配備された。一方陸軍へも三号機が五月頃、立川の技術研究所に譲渡されたのち、柏飛行場の特兵隊のもとへ移送された。パイロットも全員が柏に集まり、飛行場西方の法栄寺を宿舎とした。パイロットも増員され、伊藤武夫大尉（下士官操縦学生六七期・少尉候補生二〇期）、岡本芳雄准尉（下士官操縦学生八一期）、鈴木軍曹、磯村正六軍曹（少年飛行兵学校九期）が着任した。特兵隊パイロットのうち新任で滑空機未経験者はグライダー訓練、経験者は軽滑空機による飛行訓練を始めた。軽滑空機を曳航するために九九軍偵が用意され、百瀬氏は当時、この軍偵を専門に整備する「機付き兵」となった。

五月下旬には完備機体を受領するため兵器班と武装班が海軍空技廠のある追浜まで出張している。このとき陸軍が受領した機体は「試製　秋水　第三〇二号機」と思われる。また、この受領機とは別に軽滑空機四号機と思われる機体が、百瀬氏達整備班の手によって同じく空技廠から柏飛行場まで運ばれている。少し先の話になるが海軍初飛行の後、霞空から荒蒔少佐操縦により重滑空機一号機も柏に空輸されている。これらを総合すると「陸軍柏飛行場には、秋水実機一機（試製　秋水　第三〇二号機）、軽滑空機二機（空技廠製軽滑空機三号機、四号機）、重滑空機一機　合計四機」の秋水関連機が配備されたことになる。戦後、書かれた多くの書物や資料には、空技廠製軽滑空機は三機制作され海軍に二機、陸軍には一機納入とされてきた。しかし、木村秀政氏が撮影した一連の柏飛行場の写真を検証した結果、柏に二機の軽滑空機が存

昭和20年初頭、柏飛行場での秋水軽滑空機。コンクリート上には迷彩がほどこされている。（田中昭重氏）

在したことが判明している（『錘馗戦闘機隊』第3章）。

海軍の試飛行

当初の予定には遅れながらも、軽滑空機・重滑空機の試験飛行に成功し、秋水の進捗に自信を得た海軍は、秋水隊を発展拡大させた秋水実戦部隊「第三一二海軍航空隊」を昭和二〇年二月五日付けで開隊した。司令には柴田武雄大佐（海軍兵学校五二期生）が着任した。三一二航空隊は横空に本部を置き、飛行訓練を百里基地（のちに霞ヶ浦航空隊へ移動）、実戦部隊予定基地として厚木にロケット燃料貯蔵施設を建設、神奈川県足柄山中の空技廠山北ロケットエンジン実験場にも派遣隊を置いた。

わずか二分間の全力運転が達成された段階のエンジンであったが、三一二空柴田司令は周囲の反対を押し切り、四月二二日を初の試飛行日と決定した。しかし、エンジンの調整は進まず、この試飛行は延期されている（廣瀬行二氏談）。六月中旬になってようやく二分半の全力運転が達成され、試飛行の予定が組まれた。当初組まれた六月二八日の予定は整備不良により延期され、三〇日の予定も延期、飛行可能と判断されたのは七月七日であった。

七月七日、追浜飛行場、午後四時五五分。秋水は滑走を開始、滑走距離約二二〇メートルにて離陸成功、高度一〇メートルで車輪投下にも成功した。予定通り二七度の角度で上昇していったが、高度三五〇から四五〇メートル付近で突然異音とともに黒煙を吐いてロケットエンジンが停止した。秋水は余力で上昇反転し右旋回、滑走路への帰投コースをとり始めた。この時の高度は約五〇〇メートルであったと関係者は記憶している（松本俊三郎氏談）。試験飛行打ち合わせ会議では、もし不具合が発生した場合はそのまま直進し、東京湾に不時着水すると決められていた。救助艇も海上で待機しており、救助には万全を期していた。

第二旋回を終えたあたりでエンジン再起動が二度試みられたが、かなわず、やがて甲液の非常投棄が始まった。滑走路への着陸を目指した第四旋回は一、二秒遅れ、眼前に迫る建物を越そうと機首を上げたため失速ぎみとなった。機首が滑走路より少し左へずれたまま、右翼端が施設部監視塔に接触し、そのまま約七メートルの高さから不時着大破した。大量の白煙が上がったが、誘爆せずに秋水は原形をとどめていた。意識のあった犬塚大尉は救急車で鉈切山の医務室へ運ばれたが、頭蓋底骨折のため、翌八日未明殉職している。

秋水発進の瞬間（昭和20年7月7日）。誘爆対策のため滑走路上には大量の水が撒かれている。秋水の左翼を持つのは整備分隊長廣瀬行二大尉。（秋水会）

事故後、調査のため分解された秋水。不時着時は原形を保っていた。（秋水会）

試飛行失敗の翌八日、空技廠が中心となって事故原因の究明が進められた。空技廠は一六ミリフィルムで試飛行を撮影していたので、これを用いた検討会が三一二空整備関係者を交えて開かれた。

事故原因としては、

（一）甲液が満載一五〇〇キログラムに対して、

三分の一にあたる五〇〇キログラムの搭載だったことによる燃料切れ、(二)エンジン分解調査によって判明した燃料噴射弁一二本中五本の焼損、(三)エンジンの燃料ポンプとその他の補機類の故障、が考えられた。

(一)を三一二空整備分隊、(二)(三)については空技廠が調査することとなった。そこで、三一二空整備分隊には一六ミリ映画から空技廠が算出した、飛行時間・燃料消費量・上昇角度・加速度などが伝えられた。整備分隊では飛行時間に沿って水を入れた予備の甲液燃料タンクを傾け、そして消費分の水を抜いていった。その結果、エンジンが停止した時間と液面から燃料吸い込み口が現れる時間が一致した。この実験結果は、直ちに三一二空本部へ伝えられた。

九日八時三〇分より、空技廠長主催による事故調査委員会が開催され、前日海軍が行った調査結果が発表された。甲液の吸い込み口が機体前方に取り付けられていたため、秋水が急角度で上昇している途中で甲液タンクも傾き、残量があったにもにもかかわらず供給が絶たれた状況が報告された。調査員会はエンジンが停止した原因を、機体設計上のミスとした。陸海軍関係者から、三菱機体設計陣を責める声が上がった。設計責任者の高橋巳治郎技師は異を唱えず、調査結果を受け入れて謝罪している。しかし、その時柴田司令が立ち上がり、基地選択の誤りと燃料搭載量を三分の一にした非を自ら認めた(『三菱重工名古屋五十年の回顧　往時茫々』)。

試飛行前の打ち合わせ会議では、狭い追浜飛行場ではなく、厚木基地のような広い飛行場での試飛行を求める意見が多かった。にもかかわらず、柴田司令は追浜飛行場を主張し、試飛行を強行させた。その選択が誤りだったことを、認めた訳である。しかし戦後になってから、強行の理由を柴田司令は回想録の中で以下のように弁明している。

・首都防空の実戦部隊が展開している厚木基地でロケットエンジンの整備・機体への組み込みを実施するには空襲の危険が高かった。
・追浜の空技廠でエンジン整備をした後、厚木基地へ輸送した場合、ロケットエンジンが不調を来す怖れがあった。
・見学者である軍首脳に集合してもらうには追浜飛行場の方が近く便利であったので、追浜飛行場を選んだ。

回想録の中で燃料の搭載量についての言及はないが、横空戦闘機分隊長の経歴を持つ柴田司令は試飛行には精通していたはずである。試飛行の初期段階では燃料搭載料を減らした「軽荷重状態」での試験が通例とされていたので、燃料搭載量を三分の一としたことが、即ち事故原因として追求されるべきではない。

事故調査委員会直後、柴田司令は三菱機体設計陣の豊岡隆憲氏に「今回は三菱の設計に問題があったとされたが、試作機は飛んでみなければわからない。犬塚大尉が打ち合わせ通り、着水しておれば」と語っている。事故・殉職の原因が多岐にわたっており、その責任の所在が複雑であったことを想像させる。柴田司令が自らの非を認めたのは、あくまで「結果」として試飛行が失敗し、犬塚大尉を殉職させてしまったことに対してである。柴田司令の潔さは、責任追及に時間をかけるよりも、改修対策を優先させるべきとする意思の現れであった。

現在では、それまでの試作機製造過程と著しく異なっていた秋水の開発自体も、事故原因の一つとして考えられている。秋水以前における試作機製造過程の概略は、以下の通りである。

・戦闘機・爆撃機・偵察機などの機体用途と、それに伴う速度・航続距離などの要求仕様が航空本部から複数のメーカーに示される。

・図面審査を経て試作を許可されたメーカーは「木型審査」「工場審査」など各審査を受け、試作機を完成させる。

・試作機はメーカー所属の「テストパイロット」による試験飛行を終えた後、陸軍であれば「航空審査部」、海軍であれば「横須賀航空隊飛行実験部」に引き渡され実用実験の結果からメーカーによる各所の改修後、実戦部隊に納入される。

秋水の機体・エンジンの設計・製作の実務は三菱に発注されたが、海軍は独自に空技廠でロケットエンジン開発を続けていた。つまり試飛行の段階では、「三菱製＝陸軍」と「空技廠製＝海軍」、二種類のロケットエンジンが存在していたことになる。そのため、三菱からの情報提供はあったにせよ、「特呂二號」と「ＫＲ-10」の細部は異なっていたと想像できる。海軍は独自にＫＲ-10のポンプ回転軸振動対策として、軸を太くした「ＫＲ-20」、軸の支持を二点から三点に増やした「ＫＲ-22」といった改良も行っていた。陸海軍共同開発・実務三菱と言われる秋水開発の実態は、海軍主導に他ならなかったのである。

更に、試飛行が行われる五か月前には、実戦部隊である三一二海軍航空隊が開隊した。実戦部隊が新型機の開発から試飛行に至るまで、全てを主導するという異常事態が生じることとなった。本来であればメーカーによる試験飛行も、秋水の場合はすべて三一二空が取り仕切った。

七月七日の試飛行は機体＝三菱製２０１号機・ロケットエンジン＝空技廠製ＫＲ-10・テストパイロット＝犬塚豊彦海軍大尉の組み合わせで、三一二空によって実施された。三菱製ロケットエンジンの責任者である持田技師は、当日午前中に柏飛行場でロケットエンジン分力運転試験を終えた後、連絡飛行機で追浜飛行場に向かい午後の試飛行に立ち会っている。このことからも、試飛行時のロケットエンジンに三菱の関わりが薄かったことがわかる。複雑な所管と異例の試験飛行が招いた不幸な殉職事故が、秋水の試飛行であった。

多くを語らず自ら非を認めた柴田司令の言葉に出席者たちは感銘を受け、会議は対応策協議へと流れを変えたと伝わっている。しかし、柴田司令の潔さを評価する一方、燃料タンク設計責任者であった豊岡氏は事故原因の結論に対しては不満を持ち続けることとなった。豊岡氏によれば、燃料取り出し口の位置は海軍の要請によるものであったという。

午前中の事故調査員会に続き、午後二時からは犬塚少佐（殉職後特進）の海軍葬が行なわれ、試飛行失敗ついて一応の幕引きが行われた。事故原因調査と究明、そして結論に達するまで、わずかに一日半という早急なものであった。その急がれた結論が、現在に至るまで解決不能な疑問点を残す原因となった。

陸軍の試飛行

空技廠山北実験場では、事故後も海軍による八月一〇日の第二回試飛行を目指しロケットエンジンの実験を続けていた。しかし七月一五日、爆発による殉職事故が起きたため、第二回試飛行予定日は延期され、空技廠製ロケットエンジンは頓挫した。

この事故を受けて次の試飛行は、陸軍が行なうこととなった。荒蒔少佐は実機での試飛行前に重滑空機での訓練が必要と考え、霞ヶ浦基地にあった重滑空機を海軍の「天山」に曳航してもらい、自ら柏飛行場へ空輸した。異例なことだがそのまま天山とパイロットは、陸軍の訓練飛行に協力するため柏に残留することとなった。この時から百瀬氏は、重滑空機の機付き兵となっている（百瀬博明氏談）。

荒蒔少佐が四、五回、柏で訓練飛行した後の八月一一日、荒蒔少佐に続き伊藤大尉が訓練飛行を行った。

天山に曳航されて重滑空機は離陸した。車輪を投下し左旋回しながら上昇を続けていたが、二〇〇メートルという低高度で重滑空機から曳航索が外れた。重滑空機は降下しながら旋回しようとして急激に高度を失った。松林をやりすごそうと機首を上げたが失速し、松の木の一本に片翼をあてて回転するように墜落した。大破した重滑空機のコックピットの中で計器版に顔面を強打していた伊藤大尉は、意識不明の重傷で病院へ運ばれて行った。後日、林安仁大尉（二〇年六月進級）は伊藤大尉を病院に見舞ったが、話が出来る状態ではなかった。戦後も伊藤氏は事故原因については最後まで語ることなく、沈黙を守ったまま他界した（林安仁氏談）。

昭和二〇年八月一五日終戦、対Ｂ29決戦兵器として全軍の期待を担った秋水は、一度きりの試飛行を最後に全ての計画が中止された。

秋水の生産計画自体は壮大なもので、当初昭和二〇年三月までに一五五機、同年九月までに一三〇〇機、昭和二一年三月までに三六〇〇機とされていた。終戦直前には計画の見直しが行なわれ、昭和二〇年九月までの生産計画は約五〇〇機を上回る程度に削減されている。しかし、実際には資材不足、空襲による工場被害、また工場疎開準備により生産が著しく停滞した結果、わずかに機体は五機が工場完成したにすぎない。ロケットエンジンの生産台数は正確な数字が残されていないが、戦後になり米国へ移送された兵器リストの中に二台との記述がある（『破壊された日本軍機』）。

空技廠噴進部員として秋水の開発の中心にいた藤平右近技術大尉は、秋水の戦力化が遅れたおもな原因として

（イ）Ｂ29の爆撃による試作工場の遅延。元来Ｂ29を撃墜する為に目論見を樹てた〝秋水〟の工場が次から次へとＢ29の爆撃によって遅延されたのは皮肉なことであるが、結局試作スタートが遅きに

過ぎたと云う事であろう。

（ロ）甲液の如き特殊のプロペラントを使用するロケットの基礎的研究の連綿と続いたものが無かった事。（恐らく独逸で本ロケットを完成する迄には相当期間の地味な基礎研究があったものと思う。）

としている（『機密兵器の全貌』）。

さらに秋水計画全体に対する所感として

終戦一年前より倒れかかる大厦を支へる一本の支柱として、全国民の方々より多大の期待を暗々裡に頂いた〝秋水〟も、結局各方面に迷惑をかけただけで戦力としては遂に役にたたなかった。……若し〝秋水〟が完成して戦力となった場合に於いてもどのくらい効果があったか……プロペラントの生産が其の需要に応じられたかどうか等については確信が無かったのである。

と述べている（同前）。

藤平氏は機体とエンジンが完成しても、それを動かすプロペラント（燃料）の生産が追いつかなかったのではないかと疑問を呈している。この秋水の燃料生産計画と柏の燃料庫については次節で明らかにする。

2．「呂號燃料」と柏

柴田　一哉

原型機Me１６３Bの開発

太平洋戦争末期、昭和一九（一九四四）年六月に始まる本土防空戦において陸軍東部一〇五部隊柏飛行場は帝都防空の主要基地であった。合わせて米国戦略爆撃機Ｂ29に対抗するため、陸海軍共同開発が行なわれたロケット戦闘機「秋水」の基地としても予定され、ロケット燃料貯蔵施設の建設が終戦まで続けられた。戦後柏市花野井・大室地区には建設途中で放棄された八基のロケット燃料貯蔵庫が残されていたが、大室側の三基は宅地建設に伴い破壊され、花野井側も五基のうち一基が完全な形で残るのみとなった。

第二次世界大戦時、既にドイツは化学的基礎研究を積み重ねてきた先進工業国であったが、日本は明治維新以来、欧米の工業的成果のみを輸入し急速に近代化したため、基礎研究分野において大きな遅れがあった。歴史的にみれば、一段一段階段を上ってきた欧米に対し、一足飛びに近代化しようとした日本、そのシステムが敗戦とともに瓦解したという事実と、ドイツから輸入した機械で細々と三五パーセント濃度の過酸化水素を製造していた日本が、戦争末期になり、突如八〇パーセント濃度過酸化水素の「大量生産」に、国家の命運をかけなければならなかった事実が奇妙に符合するのである。

航空技術者達が「秋水」という異形の「無尾翼機」、未知の「ロケットエンジン」の製作に苦心惨憺したことは事実であるが、いってみれば、それはあくまで「一製造会社」の範疇であった。機体やエンジンに比べ関心を持たれにくいが、秋水の燃料である高濃度過酸化水素製造のために動員された企業・設備・研究者・資材・労働力はまさに国家プロジェクトに等しかったのである。秋水全体像の歴史的位置づけは、その燃料開発計画及び製造過程についての検証が不可欠であると考えられる。

秋水の原型機Me１６３Ｂのロケットエンジンは、ドイツ・キール港の「ゲルマニウム造船所」技師であったヘルムート・ワルターによる設計であった。ワルターの名を冠した「ワルター機関」の開発動機は、当初、航跡を残さない魚雷の開発が目的であった（『ロケット戦闘機：「Me１６３」と「秋水」』）。

艦船の魚雷回避の正否はその航跡をいち早く発見し、迅速に回避行動を取れるか否かにかかっている。航跡を残さない魚雷が開発されれば、魚雷攻撃の弱点がなくなり成功率は飛躍的に向上すると考えられていた。従来の魚雷は推進用に圧縮した「空気」を利用しており、排気として放出された空気中の窒素が海水に吸収されず、この気泡が航跡となって現れた。各国海軍はこの改良に積極的であったが、開発に成功したのは日本海軍による「九三式酸素魚雷」（昭和八年）が最初であった（『海軍水雷史』）。

日本の酸素魚雷は空気の代わりに酸素を用いたものだが、初期のワルター機関は「過酸化水素」と触媒を反応させ、分解によって生じる酸素と水蒸気の混合ガスでタービンを回すものであった。これは「低温式ワルター機関」と呼ばれ、過酸化水素を「Ｔ液」、その分解触媒として過マンガン酸ナトリウム溶液又は過マンガン酸カルシウム溶液が利用され「Ｚ液」とされた。この「低温式ワルター機関」を航空機用に転用したものが **Walter** Ｒ1‐２０３型エンジンであり、Me１６３Ｂの研究機ＤＦＳ１９４に搭載され、昭和一五年春初飛行に成功している。

ドイツ空軍はこのロケット戦闘機のアイデアを採用し、Me１６３Ｂの名称を与えて制式化を図った。量産型実戦機であるMe１６３Ｂには推力四〇〇キログラムのＲ1‐２０３型エンジンから、更に高出力のＨ

ＷＫ１０９‐５０９Ａ型エンジンへの換装が予定された。

新型エンジンは過酸化水素の分解に「燃焼」が加わることで、推力を一五〇〇キログラムと飛躍的に増大させることを可能としている。そのため「Ｚ液」に代わり、「水化ヒドラジン・メタノール・水・シアン化銅カリウム」の混合液である「Ｃ液」が利用されることとなった。このＨＷＫ１０９‐５０９Ａ型ロケットエンジンと各燃料の情報が昭和一九年七月、巌谷英一技術中佐によってドイツから日本にもたらされことで復元国産機「秋水」計画はスタートした。

ロケット飛翔体の研究

昭和一五年三月、陸軍技術研究所内では安田武雄中将より「将来の大戦を勝利するためにはロケットの開発が急務である。即刻、研究を開始せよ」と第三部繪野沢静一大佐、第八部遠藤永次郎大佐に対し命令が下されている。ロケット推進はプロペラ式推進飛行機に代わる次世代の噴流推進式航空機として、その速度・高空性能に大きな期待が寄せられていた。尚、現在のジェット推進機関も当時は「タービンロケット」と呼ばれ、ロケット機関の一分類として扱われていた。既に諸外国からの技術情報を参考に僅かながら海軍が空技廠を中心にジェット機関を研究し、陸軍が技術研究所にて固体・液体ロケットの研究を進めていたが、どちらも実用レベルにはほど遠いものであった。安田中将の命を受け陸軍技術研究所では早速、昭和一五年より「呂號兵器」の研究を開始している。「呂號」とはロケットのことである（『軍都「柏」からの報告（４）』）。

固体燃料である火薬を使ったロケット航空機の試験は昭和一七年六月より始まった。着火の安定性もよく、取り扱いも容易であった。しかし、火薬ロケット航空機の飛行には大量の火薬を必要としたため現実性に乏しく、離陸時の加速用補助ロケットとすることが決まった。そこで第二陸軍技術研究所と第六陸軍技術研究所は協力し、昭和一八年二月より酸化還元反応による「液体ロケットエンジン」の研究を開始した。この頃ドイツより「V1」「V2」ロケットの情報も入り、特に「V2」が液体ロケットであったことが研究に拍車をかけることとなった。研究の結果、過酸化水素と過マンガン曹達の反応燃焼により推力を得る液体ロケットエンジン「特呂一号」が開発され、「イ号兵器」として「イ号甲型」「イ号乙型」の二機種が制作された。「イ号」は現在でいう「空対艦誘導ミサイル」の原型といえる。またこの燃料の組み合わせは初期のワルター機関「低温ワルター機関」と同様であり、ここでも陸軍研究陣の技術の確かさが証明されている。種々の実験の結果「イ号兵器」の命中率は五〇パーセントまでになったが実戦配備されずに終わっている。

この「特呂一号」があった故の「特呂二号」であることから、「液体ロケットエンジン」に関しては海軍よりも陸軍の研究・実験の方が先行していたと考えるべきであろう。「高温ワルター機関」を搭載したMe163Bの技術情報を入手した時、特呂一号の応用と考え、ロケットエンジン開発主務を陸軍が担当することに違和感はなかったのではないだろうか。海軍にとって初の「液体ロケットエンジン」であることが、「KR-10」という型式からも伺える。昭和二〇年二月、陸海軍でロケットエンジンを統一名称にするときに採用されたのは陸軍の「特呂二号」であった。

「呂號燃料」特薬部設置

陸軍の研究と同様、海軍においてもＭｅ１６３Ｂの資料到着以前より過酸化水素の分解を原動力とした魚雷推進の研究が進められており、高濃度過酸化水素の生産は急務であった。しかし当時、国内では三五パーセント濃度の過酸化水素が最高濃度であり、八〇パーセント濃度の過酸化水素量産はまったくの未経験であった。そのため海軍では海軍省軍需局内に「特薬部」を設置、資材の囲い込みを始めた。この専管工作に陸軍はクレームをつけたが結局軍需省とともに「特薬部」に出向者を出すこととなった。陸軍としては屈辱的な事ではあったが、もはや戦局は面子云々をいえる状況ではなかったと考えられる。

「呂號薬」は「呂號甲薬」と「呂號乙薬」に分類され、甲薬は「固体・火薬燃料」であり、乙薬が「液体燃料」であった。こうして液体ロケット燃料である「呂號乙薬」は「特薬部」に一元化されることになった（『軍都「柏」からの報告（4）』）。

秋水が陸海軍共同開発機となるレールは、すでにこの時敷かれていたと言えるであろう。海軍は同時に、軍産学を動員した「呂號委員会」も設置している。呂號委員会は海軍艦政本部に所属し、艦政本部長が委員長を務めた。委員会は研究全般の運営を行い、その下に第一分科会「呂號薬の研究」、第二分科会「呂號甲薬の生産研究」、第三分科会「呂號乙薬の生産研究」、第四分科会「噴進用機器の研究」の四つからなる分科会をおいた。この「呂號委員会」にも後に軍需省と陸軍が加わり「呂號乙薬委員会」となって発展解消されたが、実態は相変わらず海軍主導の組織であった（廣瀬行二氏談）。

未知の領域「高濃度濃縮」

秋水資料到着後、その燃料「呂號乙薬」のうち過酸化水素は甲液、水化ヒドラジン混合液は乙液と名付けられ、両液に対して用兵側の要望に基づく生産計画が立てられた。水化ヒドラジンは小規模な町工場によって細々と製造されていたが、月産三〇〇トンを目標に大増産させることとした。

一方、過酸化水素は濃縮と大量生産が共に難問であり、実験段階から始めねばならなかった。当時、国内においては三五パーセント濃度過酸化水素を神奈川の江戸川化学山北工場が月産一二〇トン、大阪の住友化学工業が月産七〇トン、合計わずか月産一九〇トンを生産していたに過ぎなかった。これに対し陸海軍が立てた八〇パーセント濃度過酸化水素の生産計画は月産二五〇〇トンであり、その原料となる三〇パーセント濃度過酸化水素である「甲原液」の必要量は一万二〇〇〇トンと算出された（『日本海軍燃料史』）。

五パーセントほど濃度が低いとはいえ、大戦末期に突如六〇倍以上の増産を命じられたわけである。両工場共に過酸化水素の製造には「過硫酸アンモニウム法」を用いていた。希硫酸水溶液に硫酸水素アンモニウムを溶解した液をセラミックの多孔性隔膜で仕切られた電解槽で、白金を陽極、鉛を陰極として低温で電気分解すると、陽極の表面に過硫酸アンモニウム溶液が出来る。これを蒸気で加水分解すると三〇パーセント濃度の過酸化水素が製造出来た。これは、ドイツから製造機器と共に技術輸入した江戸川化学山北工場の生産方式であり、「山北式」と呼称されていた。この「甲原液＝三〇パーセント濃度過酸化水素」をいれた直径一メートルの陶器製「精留塔」の底を、ステンレスのスチームコイルで加熱し「減圧蒸留」することで水を蒸発させ、「甲液＝八〇パーセント濃度過酸化水素」を大量生産する計画が立案された。従って、電気分解・減圧蒸留という二段階の工程及び工場が必要であった（広瀬英二郎氏談）。

終戦までの間に、ドイツでは過酸化水素を原動力とするロケット、潜水艦、航空機などの新兵器開発が多方面にわたって進められており、高濃度過酸化水素の需要は年間二万トンに達した。ドイツにおいても三〇パーセント濃度過酸化水素製造には「電気分解法」を用いていたが、大量に電力を消費するため、過酸化水素の高まる需要に供給が追いつかなくなっていった。一九三〇年代には、自動酸化による過酸化水素大量生産方式である「ＡＯプロセス」の特許が米国とドイツで取得されたが、工業化には多くの問題があり、ＡＯプロセスが工業化されるのは戦後になってからである（『GATEWAYS: THE STORY OF LAPORTE 1888 - 1988』）。

このＡＯプロセスの情報が日本側に伝えられていたのかは不明であるが、当時の日本側開発関係者の手記には全く触れられていない。ドイツでも確立していない製造方法であることから、日本に対して情報提供が行なわれなかったと思われる。

当時日本国内の過酸化水素は、主に紙製品の漂白そして医療及び食品の殺菌のために用いられていた。三パーセント濃度の過酸化水素が、殺菌剤「オキシドール」として家庭で利用されていることは現在も同様である。昭和一二年には江戸川化学山北工場自ら「醸造方面に於ける過酸化水素の応用」という小冊子を発行し、過酸化水素が清酒や味噌、醤油といった食品の漂白剤・殺菌剤・脱臭剤・保存料として「安価」で「効果の高い」物質であることを宣伝している（『醸造方面に於ける過酸化水素の応用』）。

更に冊子の中では「醸造用過酸化水素」として「二〇キロ硝子瓶（篭巻）」と「五キロ硝子瓶（篭巻）」が写真入りで紹介されており、二〇キロ硝子瓶（篭巻）の姿は後述の「八〇パーセント濃度過酸化水素」の輸送形態と同じである。過酸化水素の輸送に関しては、江戸川化学山北工場のノウハウをそのまま踏襲したと考えてさしつかえないであろう。

　ロケットエンジンが完成する前でも燃焼実験に甲液が必要なことから、江戸川化学山北工場で製造された三〇パーセント濃度過酸化水素が大船の第一海軍燃料廠に輸送され、実験室の延長程度であったが、フラスコによる減圧濃縮を行ない、濃度八〇パーセントまで濃縮することに成功している。これを受けて第一燃料廠に新設された「濃縮部」の建物の中では二リットルの丸形フラスコを一〇〇〇個並べ、ボイラーに直結した湯槽に浸けてフラスコ内の過酸化水素が減圧濃縮されていくのを女子学徒や女子挺身隊員達に監視させている（広瀬英二郎氏談）。フラスコに印をつけ規定量までの濃縮が確認された過酸化水素は、二〇リットル入りの硝子瓶に移され貯蔵されている。こうして作られた燃料によって、昭和一九年一一月には三菱長崎兵器製作所で圧送ポンプによる初の燃焼試験が成功している。燃焼実験から得られたデータの解析によりロケットエンジンの推力が算出されたことで、ようやく秋水の性能が日本側でも確認された。

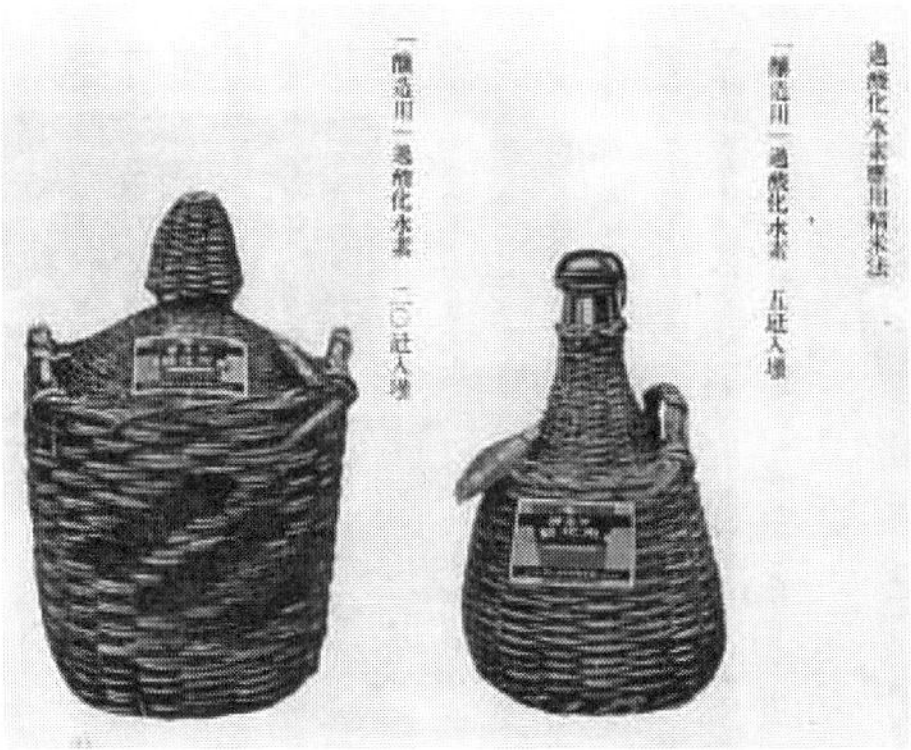

過酸化水素の保管瓶。山北工場で製造された過酸化水素は、このように瓶の周りを篭巻にされていた。（江戸川化学山北工場『醸造方面に於ける過酸化水素の応用』）

　愛知県四日市の第二海軍燃料廠では、過酸化水素の大量生産をめざして過酸化水素製造工場建設が進められた。昭和一九年八月から第一製造工場として、陶器製電解槽と白金による電解プラントと八〇パーセント濃度への濃縮を行なう「減圧蒸留」プラントの建設を開始した。三〇パーセント濃度の「甲原液」製造工場は甲原液月産七〇〇トンを予定したが、終戦時においても月産三一〇トンの生産力にとどまった。また、甲液濃縮装置四基も稼働中であったが、濃度不足などの不良品が多く、実際に使用できる甲液はわずかなものであった（『日本海軍燃料史』）。

第二製造工場建設計画は、Ｂ29による空襲対策のため工場疎開を余儀なくされた。疎開工場は、昭和一九年一〇月頃より、四日市の日永地区丘陵地帯地下に「山の工場」と呼ばれた高濃度過酸化水素製造工場と「秘呂（トンネル）」と呼ばれた燃料保管トンネルの建設が開始されたが、完成を見ずに終戦を迎えた。現在、秘呂（トンネル）の入口の一部が残されているが内部構造を含めて詳細は不明である。

続く第三工場は、再び第二燃料廠内に計画された。しかし、昭和二〇年七月九日、第二海軍燃料廠としては四回目のＢ29による大規模空襲で建設途中の第三工場は完全に破壊され、ついに試運転に至ることはなかった。

国内で大量生産に至らなかったもう一つの原因は、ドイツと同様に電力不足であった。電気分解法は大量の電力を必要とし、国内電力に不足が生じることが判明したためである。そこで特薬部では電力に余裕のある満州に目をつけ、部員を派遣しハルピン近傍に巨大燃料工場と貯蔵設備の建設を開始したが、稼働直前に終戦となった（『軍都「柏」からの報告（４）』）。また白金の供出運動は新聞広告を使って全国的に行なわれ、皇族も供出に応じたが、戦後になって供出者のもとに返還された形跡はない。

柏飛行場の燃料貯蔵庫

陸軍の秋水実戦部隊基地に指定された柏飛行場では、秋水配備および実験に備え関連施設の建設が進められた。特に誘爆の危険性がある「甲液」の貯蔵施設を基地内に置くわけにはいかず、飛行場の東側に広がる畑地内に半地下式の燃料庫を急遽、建設することとなった。昭和一九年一二月頃に始まった建設は期間短縮のため「ヒューム管」と呼ばれる下水道管を地中に埋め、簡易な半地下壕にすることとした。戦前からのヒューム管の主要メーカーである「株式会社日本ヒューム」の社史年表には、昭和一九年一二月「㋺関係極秘事項とされた」とあり、㋺（まるろ）が「呂號」の秘匿名称であることから、柏での日本ヒューム製品の利用を伺わせる。

甲液と乙液は接触すると大爆発を起こすため、甲液用・乙液用燃料庫はそれぞれ別の離れた地区に建設されたと想像できるが、構造上の違いを示す資料は残されていない。ただし、甲液に流失事故が起きた場合の対策が大量の水で希釈するとされていたことから、航空写真USA-R1585-89で確認できる人工的と思われる小池に沿って建設されたのが甲液用燃料庫と推定される。甲液用燃料庫には大船の海軍第一燃料廠で作られた二〇リットル瓶入り過酸化水素、乙液用燃料庫には石油缶と同じ一斗缶に入れられた水化ヒドラジン混合液が保管された（百瀬博明氏談）。

滑走路東側にL字型構造物が確認できる。
（国土地理院）

飛行場から四キロほど東に位置する花野井・大室地区では実戦用巨大燃料庫の建設が進められている。昭和二〇年四月頃より始められた建設には、陸軍航空総軍経理部の第一特設作業隊と共に近隣の民間人が動員されている。建設が確認されているのは花野井側に五基、大室側に三基であるが、大室側の三基は宅地造成のため破壊され、花野井側では一基のみが完全な状態で残っている（口絵写真番号4）。現花野井交番裏側の一基は不完全な形状であることから完成しなかったと思われ、また覆土もされていないことが確認出来る（口絵写真番号5）。燃料庫完成時には、四日市の第二燃料廠で製造された甲液を容量一〇キロリットルの特製「燃料貨車」三両に積載し東海道線を北上、現在の北柏駅付近から敷設された軍用引き込み線で花野井・大室まで輸送する予定であった。地下燃料庫脇に停車した燃料貨車からは、ポンプなどを使用せずに重力を利用して燃料庫へ甲液を注入、作戦時は燃料庫から飛行場へやはり特製の燃料輸送車（現在のタンクローリー）で輸送する計画であった（『軍都「柏」からの報告（4）』）。

ドイツでの燃料輸送も、燃料瓶・タンク自動車・タンク貨車によって行なわれた。タンク貨車は別名「十二人使徒貨車」と呼ばれるように、貨車台に一二個のステンレス製容器が積まれた、特徴ある形態をしている。日本では常滑焼きで容器を試作したが、完成には至らなかった。

秋水の燃料である高濃度過酸化水素とヒドラジンの製造は、それまでのガソリンエンジンでわずかながらも培ってきたノウハウを全て捨て去り、全く別の化学薬品を工業的に大量生産することであった。しかし、昭和一九年という戦争末期の、あらゆる資材が欠乏する状況での過酸化水素製造は、白金電極、陶器製電解槽さえも必要量を揃えることは不可能であり、代用品を研究してあてがっても不良品が大量に発生し、結局は元のドイツからの技術情報に立ち返らざるを得なかったのが、燃料開発の末路であった（『日本海軍燃料史』）。

仮に電解工場がフル稼働すれば国内電力ではまかないきれず、朝鮮の日本窒素興南工場で必要量の約半分を製造する計画もあったが、海上輸送の安全性はほとんど考慮されていなかった。未完成のロケット技術と不確実な技術情報から、実験室での成功を元に立案された大量生産計画では現実性に乏しかったのが実情である。前節において藤平右近技術大尉が機体とエンジンが完成しても、それを動かす燃料は生産が追いつかなかったのではないかと疑問を呈したことを記した。しかし、それは逆もまた正しく、仮に燃料が準備できても機体とエンジンの生産が用兵側の要望に添うことは不可能だったのである。制海権を失い、更に本土の制空権さえ失いつつある状況下の昭和一九年には、ロケット戦闘機秋水という国家的プロジェクトを推進する国力はすでに失われていたのである。

第二次世界大戦は石油を含む地下資源に乏しい三国（日本・ドイツ・イタリア）が、米国を代表とする潤沢に資源を持つ連合国との戦いという一面を持つ。ドイツと日本において早期に醸成された「国家総力戦」思想は、つまりは持たざる国の苦肉の策であった訳である。Me１６３Ｂと秋水の開発経緯を俯瞰すれば、戦争遂行能力の根幹である「石油」依存からの脱却に最後の望みをかけた両国の姿が見えてくる。

ロケット戦闘機は石油資源に乏しい国家が、最後に咲かせた「徒花（あだばな）」だったといえるのかもしれない。

3.「秋水」燃料貯蔵庫の発見

柴田 一哉

花野井・大室の燃料庫

太平洋戦争末期の昭和二〇（一九四五）年四月より柏市花野井・大室地区に建設が始まったと推測される「実戦用秋水燃料庫」は、戦後、民有地であったことから柏市が調査・保存に積極的姿勢を示すことはなく「正体不明の防空壕らしきもの」として地域住民に認識されてきた。また戦時中、柏飛行場に駐留した航空部隊関係者の手記にこの花野井・大室燃料庫に関する記述は見当たらず、当時秋水実験部隊長であった荒蒔義次氏が回想記の中でわずかに触れているに過ぎない。

これは、第一に秋水が機密兵器であったために、建設に動員された地域住民には、その目的が厳重に秘匿されたことが挙げられる。第二に軍関係者にとっては、自分の職務以外は興味を持つ対象ではなく、仮に職務以外に興味を持てば「スパイ行為」とあらぬ疑いをもたれることを恐れる傾向があったため、直接の軍関係者であっても、計画の全体像を知るものは少ないためである。従って、秋水の燃料貯蔵施設に関して体系的にまとめられた資料は存在しない。

しかし戦後、花野井・大室燃料庫は米軍や自衛隊基地ではなく民有地の中に残されたため、人の目に触れる機会が多く、自然と興味を持って手弁当で調査に乗り出す在野の研究者が現れた。柏市に在住した故加藤紀宏氏と高校教諭であった小野英夫氏の二人である。加藤氏は戦時中に「東亜経済調査局付属研究所」に研究生として入所、戦後はＧＨＱで地図作製の業務に携わっていたという経歴から、身近な花野井・大室燃料庫と秋水に興味を持ち、先駆的な調査・研究を行なった。小野英夫氏は知人に花野井・大室燃料庫へ案内されたことがきっかけとなり、燃料庫建設に携わった地元住民や陸海軍航空隊関係者、燃料技術関係者などへの広範な聞き取りや燃料庫の計測調査を行ない、『軍都「柏」からの報告』として調査結果をまとめている。※

本節では、加藤氏、小野氏の調査・研究を出発点に両氏がその存在を暗示していた「旧柏ゴルフ倶楽部内秋水燃料庫」の発見過程を報告する。

※小野英夫氏が調査過程で元燃料技術将校から託された膨大な一次資料は、報告書執筆後に小野氏を訪ねてきた当時防衛庁戦史室に勤務していたという関係者に史料室での保管を条件に預託された。しかし現在に至るまで、同関係者の自宅に保管されたままであるという事実は、大変残念なことである。

秋水用掩体壕と正連寺の燃料庫

終戦時、柏飛行場の東側、正連寺地域には関連施設が点在していたことが米軍撮影の航空写真から確認できる。この地域は正式な軍との契約に至る前から既に軍による利用が始まったが、終戦までに軍用地として売買契約及び登記されることがなかったため、戦後早い時期に民有地に戻っている。その大部分が昭和三二（一九五七）年、三井グループの保養施設的性格を持つ「柏ゴルフ倶楽部」用地として買収されることになった。『柏ゴルフ倶楽部三十年史』によれば、用地買収にあたっては関東財務局から地目が軍用地となっているため国有地であるとの指摘があったが、登記上は個人所有のままであることから、財務局

秋水用有蓋掩体壕と考えられた小丘
（撮影・加藤紀宏：柏市中央図書館所蔵）

と折衝を重ねた経緯が記されている。用地買収完了後の大規模な造成工事のため、ゴルフ場が開業した昭和三六年以降の航空写真では秋水基地関連施設を確認することはできなくなった。

開業した柏ゴルフ倶楽部は、関東の名門ゴルフ場の一つとして順調に営業を続けた。当然、ゴルフコース内で発掘調査など行なえる状況ではなかったが、平成五年一一月、加藤氏はゴルフ場副支配人の案内で場内を調査し、写真を撮影した。加藤氏の主な調査対象が「秋水　有蓋掩体壕」にあったことが調査報告書の表題から読み取ることができる。

どのような経緯で、加藤氏がゴルフ場内での秋水有蓋掩体壕調査を思い立ったのか定かではないが、柏市が所有しているゴルフ場を含む周辺地域のコンター図（等高線図）で一四番ホールコース上に位置する二つの小丘には「掩体壕」と記されており、加藤氏がこのコンター図を見ていたとの証言がある。加藤氏は一四番ホールコース上の二つの小丘を秋水有蓋掩体壕と考え、一二番ホールコースもしくは池になってしまった場所に、もう一つ秋水有蓋掩体壕が存在したと考えていた。

小野英夫氏は平成六年に執筆した「柏における秋水関連地図（昭和二〇年八月頃）」（『軍都「柏」からの報告（4）』）のなかで、国道一六号線付近の正連寺地域に秋水燃料瓶貯蔵庫と、加藤氏の資料を元にゴルフ場内に秋水掩体壕として三カ所を推定している。このうち、正連寺地域の燃料庫については「現在ゴルフ場が建設されているため、ここの貯蔵庫については確認できない」としている。更に「ヒュウム管（コンクリートの土管）について」として「柏のロケット燃料基地の資材要求はマルロ（〇のなかに呂）の暗号名であった。柏からの要求でヒュウム管を数十台のトラックで運んだ。この種の物としては最大級のもので、一ｍ二〇㎝あった。地下壕にヒュウム管を埋めそこに燃料の瓶（藤のようなものが巻いてある）の棚をつくった。（現在花野井に残されている土管を見て）これがヒュウム管である。（原文ママ）」と陸軍関係者の証言を紹介している。

両氏はゴルフコース内の小丘を秋水用掩体壕、正連寺付近に地下燃料庫の存在を推定した。同時にそれぞれの報告書は発掘調査を行なえれば、なんらかの痕跡発見の可能性を暗示していた。

空中写真のL字型構造物

加藤氏が残した資料の中には数枚の空中写真がある。国土地理院所蔵の米軍が撮影した昭和二二（一九四七）年の柏地域の空中写真である。米軍は戦時中においては戦略爆撃を目的に、戦後は国土把握と復興に役立てるための地図作製を目的に、日本全土を空中写真に納めている。米軍による撮影は日本が独立するまでの昭和二七年まで続き、その後は国土地理院が継承している。この内ＵＳＡ-Ｒ３９３-１１８には、飛行場東側の畑地にＬ字型構造物が複数確認出来る。明らかに人工物であることは形状が均一で、構造物の間隔もほぼ等しいことからも疑いようがない。掩体壕は航空機を敵機の攻撃から防御することを目的として、囲みのある形状をしていることが特徴であるので、掩体壕である可能性は低かった。

平成一八（二〇〇六）年、柏飛行場における秋水を調査するため、元特兵隊員である百瀬博明氏に取材を行なった。百瀬氏からは軽滑空機の運用、重滑空機の事故、そして秋水の秘匿状況などの説明を受けた。戦後、柏への再訪については変貌が激しく、当時との記憶が一致しないとのことであった。特に、花野井・大室地区の燃料庫については、百瀬氏を含む特兵隊員が作業をしていた燃料庫とは、飛行場からの位置関係や構造に違和感を感じているとの話をされた。花野井・大室地区は終戦までは未完成であったとの説明に対しては、得心したようであった。そこで、ＵＳＡ-Ｒ３９３-１１８とL字型構造物地域の拡大写真を提示して感想を求めたが、百瀬氏達が作業していた燃料庫だという明言を得ることは出来なかった。

　通常の調査・取材であれば、この時点で終了しL字型構造物に関してこれ以上の解明が進むことはなかった。ところが、思いがけない状況の変化が、一気に燃料庫発見にまで調査を押し進めることとなった。

　平成一七年、常磐新線「つくばエクスプレス」は秋葉原―つくば間で開業したが、この新線は柏ゴルフ倶楽部内を横断する形で計画された。併せてゴルフ場は、新線計画と一体で計画された千葉県施行の柏北部中央地区一体型特定土地区画整理事業地区にも含まれた。ゴルフ倶楽部会員による閉鎖反対運動が起こったが、平成一三年九月三〇日をもって、四〇年間にわたって営業されてきたゴルフ場は閉鎖された。ゴルフ場内一帯は新線の高架橋建設と共に、千葉県による区画整理事業が行なわれ、道路、住宅用地、公園、

掩体壕と燃料貯蔵庫。左上の掩体壕とL字型構造物の形状の違いがよくわかる。(昭和23年撮影の空中写真USA-R1585-76を加工、作成:柴田一哉)

学校が建設されることとなった。ゴルフ場閉鎖後、先行して高架橋建設、東部地域の区画整理が始まったが、一四番ホールコースの二つの小丘は公園予定地とされたため、平成二〇年まで手つかずの状態であった。

加藤氏、小野氏がゴルフ場内で秋水関連施設を調査した頃と、状況は大きく変化した。既にゴルフ場はなくなり、その用地は区画整理事業に伴い、もし戦争遺物があれば危険性なども含め、行政による調査対象になる可能性が生まれた。一方、単純にゴルフ場施設の一部として何ら調査・公表されることなく、破壊されてしまうことも充分予想された。チャンスとピンチは、表裏一体であった。しかし、断片的な情報があるだけで、二つの小丘への現実的なアクセス方法はなかったのである。

会の発足と掩体壕発見

会の発足については「活動記録」で触れるとして、会員による柏の葉周辺の戦跡調査が平成二一年七月に行なわれた。この現地調査に基づく文献、空中写真の検証によって、六基の無蓋掩体壕が発見された。同時に、加藤、小野両氏の資料をもとに、ゴルフ場一四番ホールコース上の小丘が現存することを確認し、GPSによって緯度・経度を測定した。後日、調査に参加した会員の間では、小丘は掩体壕と伝わっているものの、その形状や小丘間の距離を考察すると、掩体壕と考えるには躊躇されるものがあったという。

この調査報告会が、同年一二月に行なわれた。筆者は報告会と続く懇親会席上で、小丘の緯度・経度に関する質問と小丘の秋水燃料庫説を提起してみた。正確な小丘の緯度・経度がわかれば、それをゴルフ場の空中写真にプロットし、更に昭和二二年の空中写真と合成することで、小丘とL字型構造物の位置関係が明らかになると考えられたからだ。今後の進展を期待し、その場で入会の意思を表明した。

翌日、電子メールで事務局の浦久淳子氏から、GPS情報と会員の山田宏氏が作成していたプロット図が送られてきた。浦久氏からのメールには、GPSの精度には、平地で一〇から二〇メートルの誤差があることが添えられていた。GPSデータからはL字型構造物の近くに小丘が位置することは間違いないが、合致するには至らなかった。秋水燃料庫説については、関心を持った会員が会のメーリングリスト上で電子メールを投稿し合うことで活発な議論が行なわれることになった。議論を重ねた結果、論点は以下に集約された。

・小丘は「掩体壕」「秋水の掩体壕」と言い伝えられてきたが、そもそも秋水用の掩体壕は当時存在したのか。
・空中写真で確認出来る「L字型構造物」は秋水の燃料庫なのか。
・秋水の燃料庫であった場合、ゴルフ場造成時に破壊されず、小丘として現存しているのか。

ヒューム管とゴルフ場小丘

百瀬氏との接点は、同氏が柏飛行場で撮影した「秋水重滑空機」と思われる写真を所持していたことに始まる（口絵写真番号12）。写真の秋水が重滑空機なのか、それとも実機なのかは、写真上では判断がつかなかったが、この機体で伊藤大尉が事故を起こしたとする百瀬氏の証言から重滑空機であると判断するに及んだ。この重滑空機写真は、柏飛行場近傍の松林の中に作られた秋水の秘匿場所で撮影していたとのことであった。平成一八（二〇〇六）年の取材時に以上の経緯は把握していたが、燃料庫の件も含め改めて電話による取材を行なうこととした。更に、特兵隊パイロットとして柏で秋水軽滑空機による訓練を行ない、戦後は飛行場東側の燃料庫の保全を米軍引き渡しまでの間担当した林安仁氏にも、電話による確認をした。両氏は戦後、交流を持ったことがないので、記憶の擦り合わせの可能性はなかった。以下両氏の証言を要約する。

・秋水は当初、格納庫にしまっておいた。格納庫が　機銃掃射でやられ屋根を外してしまったため、それからは松林の中へ隠した。秋水の上から目隠し用のネットを被せ、敵機に発見されないようにした。

・秋水はオレンジ色（試作機カラー）で目立つので無蓋掩体壕ではなく松林に隠した。小型だったので松林でも隠す事が出来た。秋水用掩体壕はなかった。

・飛行場近くの燃料庫は完全な地下埋設ではなく、地表に出ている部分があり、覆土式であった。

・場所は花野井のような谷間ではなく平地で、畑の中のようであった。そこに背の低い「かまぼこ」のような形の燃料庫がいくつも並んでいた。階段を下りた記憶はない。

依然として小丘が掩体壕である可能性がなくなったわけではないが、両氏の証言から少なくとも秋水用掩体壕がなかったことは、確実となった。更に、掩体壕説を否定するため、秋水の秘匿場所についても調査が行なわれた。秘匿場所に関しては、百瀬氏の同期生である福田禮吉氏が自著『ある陸軍幹部候補生の一年』の中で、柏飛行場の正門を出た直線道路右手の松林の中に苦労して作ったと記している。また、秘匿場所の近くには墓地があるとのことであった。該当地域を空中写真で検討したが、墓地の発見には至らず特定は頓挫した。しかし、その後の聞き取り調査により、冒頭の口絵写真2の③地点に秋水が秘匿されており、かつては近くに墓地が存在したことが確認された。また、④地点にも秋水秘匿場所が判明し、二カ所の確認がなされた。こうして、少なくともL字型構造物が秋水用掩体壕でないことは明らかとなった。

一連の取材時に百瀬氏から、秋水燃料庫の直径を一メートル二〇センチとしている『軍都「柏」からの報告』における、陸軍関係者の証言に対する疑問が示された。身長一メートル六〇センチはある百瀬氏が屈まずに燃料庫内で作業が出来たのだから、二メートル近くはあったはずだということである。

建設が急がれたため、秋水燃料庫に急遽使用されたという「ヒューム管」は、本来下水道管および工業用排水管として利用されていたものである。『株式会社日本ヒューム五十年史』によれば、戦前の最大径である一メートル八〇センチのヒューム管が、昭和七年の長野県善光寺平農業水利改良工事に使用されている。従って、一メートル二〇センチを、戦前の最大径とした証言には誤りがあると考えられた。

飛行場の周りは滑走路の水はけを考慮し、雨水や地下水の排水用に環濠が作られ、環濠上に位置する誘導路下には通水用にヒューム管が埋められていた。しかし、現存する飛行場の環濠跡を調査する限り、ヒューム管は一メートル以下で充分であったと思われる。もし、コンクリートの厚みを加えた外径約二メートルの大型ヒューム管がゴルフ場の小丘下から発見されれば、それは「秋水燃料庫」である可能性が高まった。

次いで、空中写真で確認できるL字型構造物とゴルフ場小丘との位置関係について、Adobe社の画像ソフトウェアPhotoshopを利用した検証を行なった。Photoshopにはレイヤーと呼ばれる画像を階層化して合成する機能があり、更に各レイヤーの透明度を変更出来るため、何枚もの画像を重ねて位置関係を確認することが可能である。昭和三〇年に撮影されたL字型構造物の位置を、昭和四九年のゴルフ場の写真にプロットし、L字型構造物とコンター図を合成した結果は、掩体壕として実地調査された二つの小丘以外に、更に現存する三基の小丘とL字型構造物との位置が合致した。当会では、これを東方から順に一号丘～五号丘と呼称することとした。当会によって、七月に実地調査されたのは二号丘、三号丘である。また、加藤氏が秋水用掩体壕と想定したのは、一号丘と二号丘である。

こうして、L字型構造物が秋水燃料庫であるという確信が高まりつつある頃、百瀬氏より当時特兵隊で同じように燃料業務に従事していた同僚が記憶を元に描いた略図が送られてきた。この図には、秋水燃料の甲液である過酸化水素を格納したL字型の薬液壕の見取り図が描かれており、それはまさに、空中写真のL字型構造物と同じ形状をしていた。さらに、もう一枚の図には薬液壕見取概念図が描かれており、燃料庫発見時の貴重な資料になると考えられた。

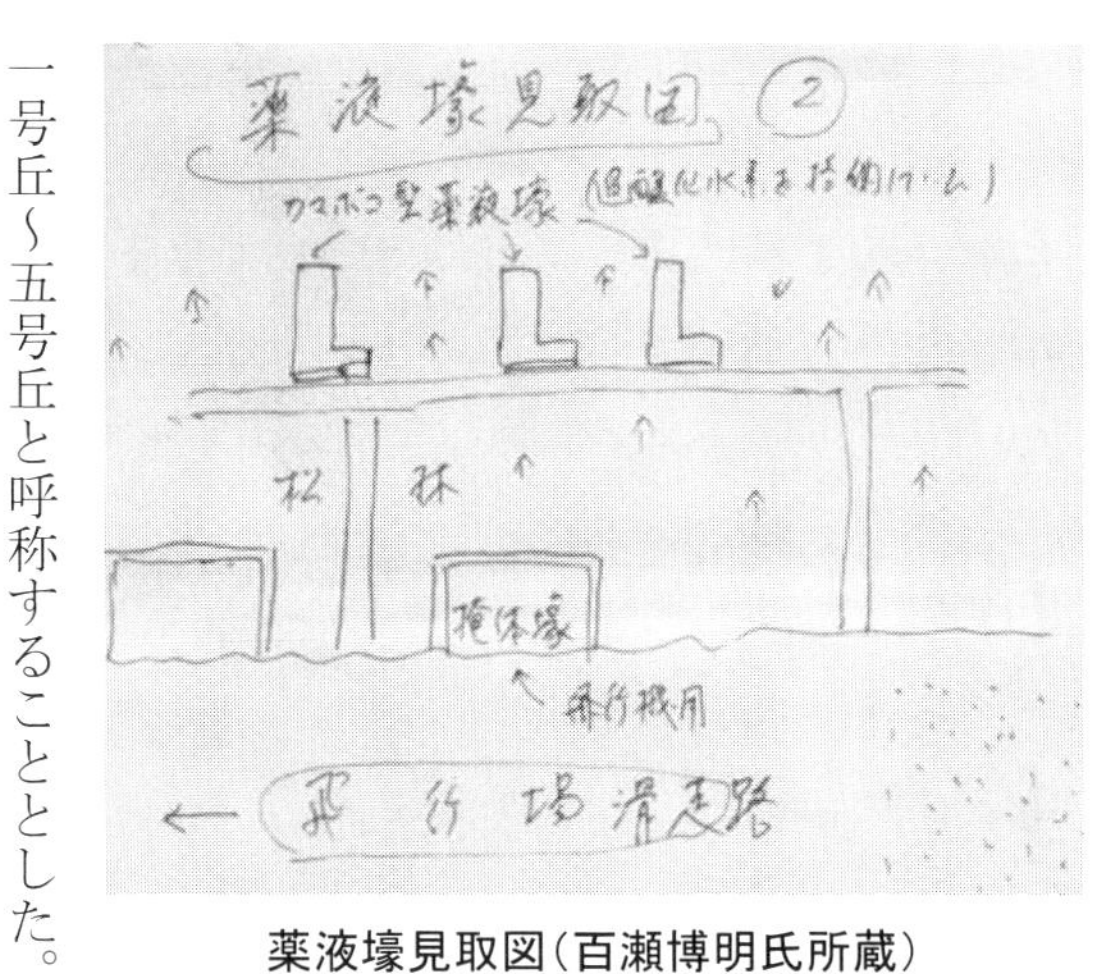

薬液壕見取図（百瀬博明氏所蔵）

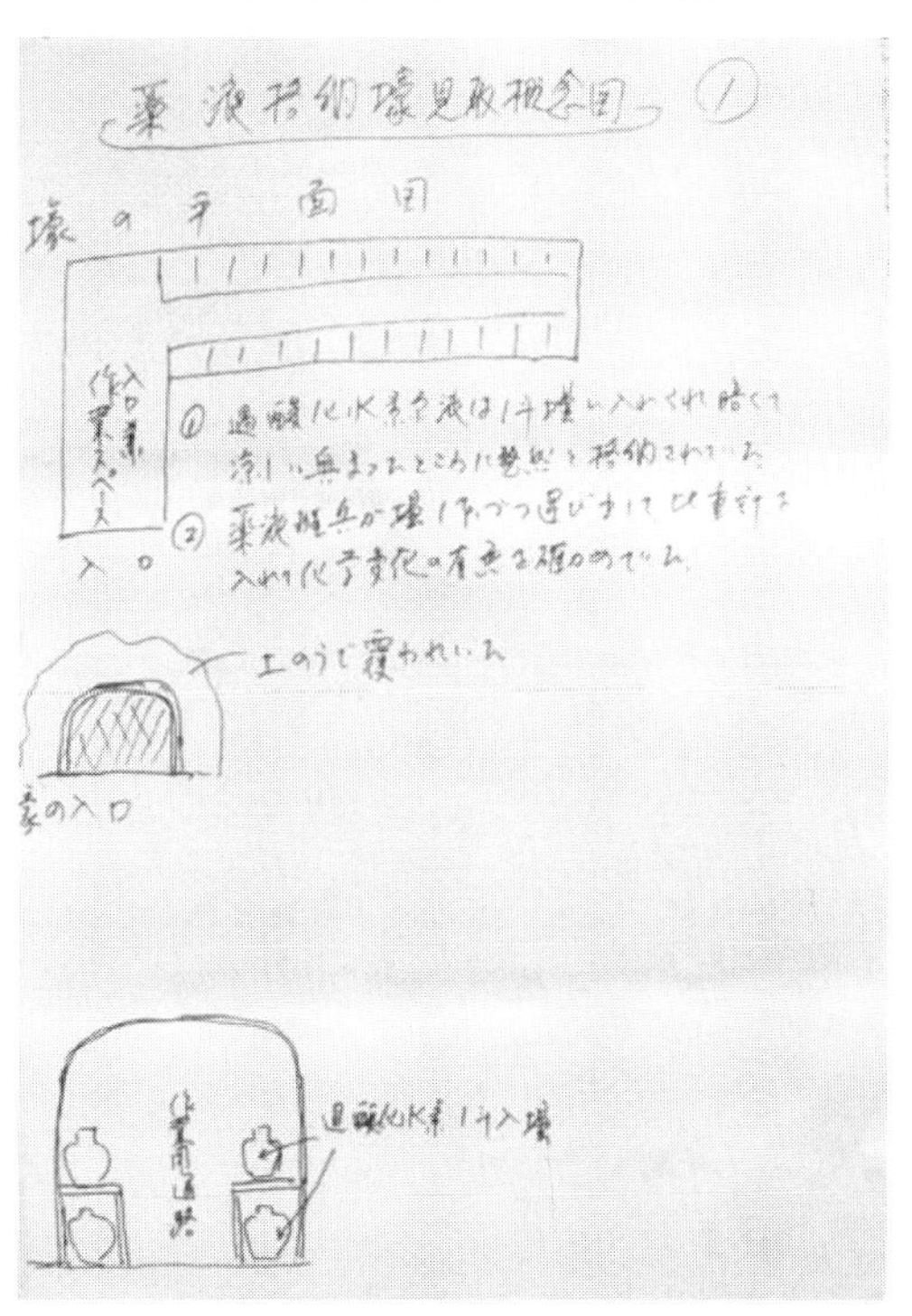

薬液格納壕見取概念図（百瀬博明氏所蔵）

現地調査

メーリングリストを使った議論と資料の検討がされたことで、再び現地調査の必要性が生じてきた。平成二一（二〇〇九）年一月二四日に行われた第二回現地調査は当会より六人、柏市文化課より一人、柏市の自然保護団体「こんぶくろ池保存の会」より一人、合計八人によって行なわれた。元ゴルフ場ということでフェアウェイ・グリーンなど目標物もあり、比較的歩行にも支障がないと想像していた筆者の予想は大きく外れた。ゴルフ場閉鎖後わずか一〇年で、至る所雑草で覆われ密林を踏破するような状態であった。一月という冬枯れの時期にも関わらず、同行したメンバーを見失う危険性すら感じられた。苦労の末、二号丘、三号丘にたどり着き、状態を確認したが、とても他の一号丘、四号丘、五号丘には進むことができなかった。

現地調査による収穫はなかったものの、翌月浦久氏より耳寄りな情報が寄せられた。元ゴルフ場マネージャーが、「マウンド下にコンクリートが埋まっていると聞いたことがある」とのことであった。ゴルフ場造成時に破壊されずに、秋水燃料庫が残存している可能性が高まった。そこで、目的を今回未調査の一・四・五号丘にしぼって再調査を行なうこととした。四月四日はゴルフ場の西側、飛行場遊水路側からゴルフ場内へ入った。すぐに半分ほど地中に埋まった「軍境界石」を発見。四・五号丘へ向かうと、道路予定地の草が刈り取られていた。東側はロープが張られ、西側は工事用フェンスが建てられていた。

四号丘の状況を確認した後、フェンス西側の五号丘へ向かう。五号丘はフェンス設置工事ため、東側の一部分が削り取られていたが断面に変わったところはなかった。丘に登ってみると、一部露出したコンクリート製構造物の開口部を発見した。構造物の中にデジタルカメラを差し入れ、フラッシュ撮影すると、円筒形の両側にコンクリート製の棚を持つ内部構造が確認出来た（口絵写真番号６）。その姿は、「薬液格納壕見取概念図」と同じ形状をしていた。秋水燃料庫が発見された瞬間であった。

　コンクリート上部の厚みは一五センチメートル、幅約二メートル、破壊されていない上部は約五メートル、二本のヒューム管を連結したように見える。しかし、接合部はなぜか離れており、空間が生じていた。再び、四号丘に戻り五号丘の経験から頂上部を捜索すると、一か所だけ表土の柔らかい場所があった。メンバーの中津川督章氏が強く踏むと、穴が開きヒューム管の一部が見えた。穴の中を撮影すると、五号丘と同じ内部構造を確認出来た。

5号丘上部で露出していた秋水燃料庫

　二号丘・三号丘では盛土が厚く、燃料庫の発見には至らなかった。そこで、一号丘に向かった。一号丘は雑草に覆われていたが、頂上より北側で開口部を発見した。開口部から撮影すると、四号丘・五号丘と同じ内部構造が確認され、合計三基の「秋水用燃料庫」の発見に至った。二号丘・三号丘は燃料庫の発見に至らなかったものの、発掘により燃料庫発見の可能性は高いと考えられた。特に、二号丘は他の小丘と比較すると全高・全長が最大であり、良好な保存状態が期待された。

　午前中の現地調査に続き、午後からは浦久氏の紹介で、ゴルフ場関係者の田口正氏からゴルフ場造成時について聞き取り調査を行なった。田口氏は大正一四年生まれ、昭和二〇年中国山西省にて終戦を迎えた。その後、中国国民党による捕虜生活を経て、昭和二二年復員した。しばらく柏市役所に勤務した後、不動産関係の民間会社に勤務していた時、ゴルフ場予定地の買収交渉に従事することとなった。そのままゴルフ場に転職することとなり、開設後は総務部に勤務した。その後、支配人として退職まで勤めた。田口氏の語った内容を要約すると以下のようになる。

・国道一六号線沿いのゴルフ練習場には二基の燃料庫があり、そのうちの一つに入ってみた。（五号丘の写真を見て）これと、同じようなものだった。

・ゴルフ場造成前に、一号丘から五号丘の構造物の存在はわかっていた。工事の時は、破壊するのに大変労力がかかりそうだったため、盛土をしてネットを張り芝を植えた。他にも、地下施設はあったと思うが、そちらは壊せたようなので、今はもうないはずだ。

・『柏ゴルフ倶楽部三十年史』にある「二番ホールにロケット砲の地下施設」というのは、間違いだと思う

こうして、米軍が撮影した空中写真に写っていたL字型構造物は、秋水用燃料庫であったことが確定された。重ねてきた議論と現地調査の結果は、以下のようになった。

昭和一九（一九四四）年一二月頃より、飛行場東側の畑地に秋水用燃料庫が建設された。この燃料庫は建設を急がれたため、コンクリート製のヒューム管で代用され、直径は一メートル八〇センチであった。秋水担当の特兵隊員は、燃料庫に保管されたガラス瓶入り過酸化水素の比重を計る作業などにあたった。この燃料庫に保管されていた燃料は昭和二〇年六月二八日、秋水の初飛行のため海軍追浜基地へと送り出された。また七月七日、柏でのロケットエンジンベンチテストに利用されている。

戦後、燃料庫は部分的に破壊されたが、柏ゴルフ倶楽部造成時にはゴルフ場小丘として利用された。ゴ

ルフ場小丘が秋水用掩体壕と言い伝えられたのは結果として誤りであったが、燃料庫発見に関して重要な情報であったことに変わりはない。

加藤紀宏氏の遺族が柏市中央図書館に寄贈した未整理の秋水関連資料の中にあった一枚の空中写真から、燃料庫探索は始まった。加藤氏の秋水関連資料からは、故人が秋水よりも、その燃料に興味の対象があったことを伺わせる。「ＧＨＱに勤めていたお陰で、どこにどんな資料があるかわかっていた」という遺族の話にも、納得のいく貴重な資料が多い。

小野英夫氏の『軍都「柏」からの報告』は、既に鬼籍に入った関係者からの聞き取りと一次資料を元に書かれており、その重要性は比肩するものがない。ただし、その内容を読み解くためには陸海軍・化学・近現代史に関する広範な知識が必要となる。

旧柏ゴルフ倶楽部の中に残っていた秋水燃料庫は、幸運なことに公園予定地にあるため保存への道が開かれようとしている。秋水はその生い立ちから終焉までが、わずか一年間に過ぎない。七〇年後の現在、その体系を復元することは既に不可能である。秋水燃料庫は、まだ多くの謎が残されている。発掘などを通して、さらに調査・研究が進むことを期待したい。

一号丘・二号丘の試掘

平成二七年三月五日、六日の二日間にわたって一号丘および二号丘の試掘が柏市役所公園緑政課によって行なわれた。特に二号丘については他の丘と比較すると全高・全長が最大であり、また頂上部には直径

1号丘燃料庫

2号丘燃料庫

二メートル、厚みが四〇センチほどの円形をしたコンクリート製構造物が確認されており、調査対象として当初より注目されていた箇所である。

従来、コンクリート製円形構造物はゴルフ場造成時に破壊された三号丘のヒューム管の蓋を移動したものと考えられていた。しかし今回の調査によって、底部に設けられた二五センチ四方の開口部が燃料庫内部とコンクリート管で繋がれていたことから二号丘燃料庫の一部と確認された。二号丘では円形構造物下の土を除くことができなかったが、一号丘ではゴルフ場造成時に円形構造物が撤去されていたため、コンクリート管の状態を確認することができた。円形構造物には円形の壁が立ち上がっていた痕跡があり、ヒューム管内部で過酸化水素の流失・火災が発生した際の消火用貯水槽として設置されたものと想像される。また、底部の開口部には煙突上の構造物が存在した痕跡があり、通常は吸排気口として使用し、非常時は何らかの方法により燃料庫内部への注水口とした可能性が考えられる。

4.「秋水」と学徒出身パイロット

柴田　一哉

柏飛行場の陸軍秋水部隊は航空審査部特兵隊が各種訓練と実験を担当し、秋水が実戦投入される場合には第七〇戦隊を機種転換させる計画であった。航空審査部特兵隊のパイロットは中堅からベテランで構成され、第七〇戦隊には実戦経験豊富なパイロットが多数存在した。一方、海軍は実戦経験の無い第一三期飛行予備学生出身者が中心となる秋水実験部隊を編成し、実戦部隊である第三一二航空隊へも多くの学生出身のパイロットが着任している。このことから、海軍には操縦技術もさることながら、ロケットという最先端技術を理解できる教養を持った人員を配置する意図があったように伺える。ここでは海軍ではあるが、ひとりの秋水部隊員の足跡をたどることで、どのような若者がロケット戦闘機パイロットとなったのかを明らかにしたい。

音楽学校からの学徒出陣

長野県上田市、戦没画学生たちが遺した作品を展示する「無言館」には多くの来館者が訪れる。しかし、おなじ芸術系ながら音楽学校から学徒出陣した若者達のことは、ほとんど知られていない。

昭和一八（一九四三）年一〇月二一日、雨の明治神宮外苑競技場、学徒出陣大壮行会。行進する学徒隊の中にいた鬼頭恭一は、東京音楽学校（現、東京藝術大学音楽学部）作曲科の一人であった。同級生には團伊玖磨、大中恩、島岡譲らがおり、彼らは戦後の日本を代表する音楽家となった。

大正一一（一九二二）年、愛知県名古屋市内で酒問屋を営む商家に四人兄妹の長男として生まれた恭一は、幼少時より音楽を好みＮＨＫ名古屋放送局にハーモニカで出演したり、児童劇団で主役を演じることもあった。また、子供向け科学雑誌である「子供の科学」などを定期購読し、二歳下の弟と模型作りにも興味を示していた。芸術や科学に対し、幅広く関心をもつ好奇心旺盛で活発な少年であった。一方で、「一意専心」、一度心を決めるとわき目をせずに集中力を発揮する性格であった。その集中力を発揮し、昭和九年には猛勉強の末、最難関とい合われる愛知県立第一中学校（愛知一中）に合格している。

愛知一中は東京の府立一中、兵庫の神戸一中とともに「一中御三家」と呼ばれる難関校であった。また、卒業生には海軍兵学校・陸軍士官学校への進学者も多く、恭一の卒業後であったが昭和一八年には四年生、五年生全員が予科練に志願するという「愛知一中予科練総決起事件」も起きている。

その愛知一中四年生の頃、恭一は突如として「音楽で身を立てる」と言い出し、他の教科には全く興味を持たなくなってしまった。もともと、芸術には理解のある両親であったが、祖父の代から続く酒問屋の長男が音楽の道に進まれてはと両親初め親戚縁者も大反対をした。しかしあらゆる説得にも関わらず、とうとう東京の親戚を頼って、勝手に上京してしまった。上京直後の試験には失敗したものの、本格的に音楽学校受験のための個人授業や家庭教師での勉強・レッスンが実り、昭和一六年東京音楽学校予科への合格を果たした。東京藝術大学音楽部の前身である東京音楽学校は、戦前は大学ではなく専門学校として設置されていた。ただし、現在の専門学校とは異なり「単科大学」というのがイメージとして近い。その「予科」というのは、現在の大学でいう「教養課程」に近く、学部を選ばなければ大学「本科」への進学が約束されていた。戦前の大学への進学には中学から大学の予科に進み、そのままその大学の「本科」へ進むコースと、中学から高等学校へ進み、希望の大学を受験する二つの選択肢があった。いずれにせよ、戦前の同年齢における大学・専門学校への進学率は三〜四パーセントといわれており、恵まれた環境に生まれた一部のエリート達であった訳である。

恭一は昭和一七（一九四二）年四月、本科作曲科へ進級している。同期生の大中恩によれば、「作曲科の同期は鬼頭恭一、島岡譲、竹上洋子、團伊玖磨、村野弘二と僕の六人だった」。

大中恩は「椰子の実」の作曲者である大中寅二を父に持つ作曲家である。作品には童謡や合唱曲が多く、「犬のおまわりさん」や「サッちゃん」の作曲者としても有名である。島岡譲は作曲家・音楽理論家として活躍するとともに、国立音楽大学や東京藝術大学で教鞭をとり多くの著名な門下生を輩出している。團伊玖磨は父が男爵・團伊能という名家に生まれ、音楽学校在籍のまま陸軍戸山学校軍楽隊に入隊した。戦後は、日本を代表するクラッシック音楽の作曲者、そして「パイプのけむり」に代表されるエッセイストとしても活躍した。

昭和一八年、すでにミッドウェイ海戦の敗北により制海権を失った日本は物資・食料が欠乏し国民生活は逼迫していたが、軍は総力戦体制をいっそう強めていった。六月には東条英機内閣によって中学校・女学校以上の学生に対する軍需工場への戦時動員体制を確立することを目的とした「学徒戦時動員体制確立要綱」が閣議決定された。大中恩の回想によれば音楽学校学生も戦時体制から逃れ、音楽だけに情熱を傾けることはすでに困難な時代となっていた。

昭和一八年七月、音楽学校生徒は軽井沢で行なわれた『学徒挺身隊』という名の軍事教練に参加した。一週間位行っていたと思う。他の大学や専門学校の生徒も来ていたが、各学校ごとに纏まって行動していた。僕はそこで管楽器の上級生に殴られた。そのとき『作曲科の奴ら生意気だ』という言葉が飛んできた。その頃の管楽器の生徒の中には、音楽学校へ来る前に学校の先生なんかやってた人が何人かいて、そういう人達からみれば、僕なんか生意気に見えたかも知れない。しかしそういう時に、團伊玖磨なんかは殴られなかった。彼は〃やんごとなき家の生まれ〃だったので、特別扱いされていたようだ。僕は後日海軍に入って日常的に殴られたが、人に殴られたというのは、軽井沢が初めてだった。(『同声会報』一七号)

足早に、そして確実に学び舎にある学生が戦時体制に組み込まれて行く時が近づいていた。昭和一八年九月、本来であれば一九年三月卒業予定の大学・専門学校の学生が修業期間を短縮された「繰上げ卒業」により学窓を去り、その多くが軍務についた。九月二一日内閣は、定例閣議で「国民皆兵」のもとでも認められていた学生の徴兵猶予の全面停止を決定した。徴兵検査に甲種合格した学生は全員が、陸海軍のいずれかに入隊しなければならなくなった。その数、およそ一三万人といわれている。学徒出陣に先だって行なわれたのが、前述の明治神宮外苑での「学徒出陣大壮行会」である。

海軍第一期予備生徒

恭一は、「音楽学校生徒なんだから軍楽隊へ」という家族の望みを断ち切り海軍へ入隊した。家族の願いは軍楽隊へ入隊すれば、前線へ出されないと思われていたからだ。一二月一一日、恭一は呉鎮守府大竹海兵団に二等水兵として入団した。同じ日に、海軍予備生徒志願表作成と身体検査が行なわれている。この経緯に付いては、少し説明が必要と思われる。学徒兵として恭一らの一期前に海軍へ入隊した昭和一八年九月繰上げ卒業生で構成されている第一三期予備学生は、一二期までが多くても百数十人だった人数が、初級士官の不足により初めて五千人という大量採用となった。一三期予備学生は予備学生試験合格後に海軍への「志願入隊」であり、入隊と同時に「予備学生」という、下士官の上、少尉の下の階級が与えられた。三重航空隊では「それぞれ進むべき道のあった中、海軍を志願してくれた諸君らに敬意を表す」との司令の言葉に感動する一三期予備学生も多かった。ところが、続く一四期に対しては前期の大量採用によって生じた諸問題の反省や修正、そして「志願」ではなく「徴兵」ということもあり、早くも大きな制度変更がみられた。それが、海軍第一期予備生徒である。一三期では大学も専門学校出身者も同様に予備学生となったが、次期では大学生を第一四期予備学生、専門学校生を第一期予備生徒とすることとした。さらに、「徴兵」で入隊した以上、海兵団で二等水兵として二か月間の新兵教育を受けた後、試験に合格したものだけが、第一四期予備学生および第一期予備生徒になれるという制度に改められた。教育にあたる下士官は上位者にあたる一三期予備学生には多少の遠慮もあったが、下位の二等水兵には厳しい態度で臨んだという。その厳しすぎる教育と「罰直」という名の理不尽な制裁には、恭一すら「海軍には幻滅した」と面会に来た家族に漏らすほどであった。

大竹海兵団入団後の二か月間、新兵教育と飛行科適性検査が平行して行なわれ、翌年一月二四日予備生徒採用試験の結果が発表された。一例として第二七八分隊では二〇六人中合格者一二二人、三重航空隊行（飛行科）五二人、旅順行（陸戦）七〇人、不合格者八四人とされている。パイロット要員に合格したのは、わずかに四分の一程度だった。

昭和一九年二月一日、三重航空隊で始業式が行われた。各地の海兵団より二千人が入隊、恭一も海軍第一期予備生徒に採用され、兵役法施行令第一四条に依り海軍兵の身分服務を免じられた。一二日は飛行科の事務などを行なう要務士要員が発表され三六〇人が鹿児島空へ転隊して行った。この後、基礎訓練や操縦適性検査、座学（物理・通信・航空・手旗・航海術・軍制学・運用術）や形態検査（人相・手相）が五月中旬まで行なわれた。この間、素行不良や識量不足による「罷免者」として、生徒の資格を剥奪され再び水兵に戻される者も出ている。少尉候補生を経て、正式に少尉に任官するまでは常に「罷免」即降格という恐怖が恭一らにはつきまとっていた。

この時期、海軍の練習航空隊には初級練習機は無く、パイロット要員が初めて乗る飛行機が九三式中間練習機、通称「あかとんぼ」である。五月二六日、恭一は中練教程のため福岡県の築城航空隊へ移動した。八月までに同乗飛行から単独飛行、編隊飛行を経て練習課程を修了した時点での飛行時間はわずかに三〇時間であった。それぞれ次の任地に転隊していくなか恭一を含む約四〇人の戦闘機班生徒はそのまま、築城航空隊に残り、次に入隊してきた一三期甲種飛行予科練習生の指導員を勤めながら、同時に自らの技量習熟に励んだ。すでに、恭一たちが訓練する予定の実用機は戦場に出てしまい、本土内では払底してしまっていたからであった。

音楽への思いと特攻志願

この築城空時代、多少時間と心に余裕ができたのか恭一に再び、音楽への情熱が戻ってくる。その様子を同期の代田良が記憶していた。

学業途中で海軍に入った彼は、築城空では音楽学校出身だということで、軍歌演習の指導も受け持たされていた。（中略）軍歌集を高く掲げて、歌いながら行進する二百数十人の同期生の大きな輪の中央に、彼がすくっと立っていた。（中略）激しい訓練に明け暮れた飛行作業の合間に、あるいは夜の

> わずかな休憩時間に、生徒館の一隅で端正な顔をかたむけて、ひとり五線紙にペンを走らせている彼を見ることがあった。そんなとき実のところ私は、この激しい訓練の中にあって、なお物に憑かれたように作曲にはげむ彼の姿に、驚きと畏敬の念を感じないわけにはゆかなかった。（『貴様と俺』）

このとき書かれた一曲が「雨」と題された歌曲である。譜面の最後に「2604 10.30 11.3　完成　築城空にて」とある。２６０４とは戦前に使われていた皇紀二六〇四年のことであるから、昭和一九年一一月三日に完成したことが分かる。

恭一が後に従弟の佐藤正知に語ったところによれば、暇があれば近くの国民学校や女学校に出かけ、二〇曲ほどの作曲をしたという。

昭和二〇年二月一八日、恭一ら予備生徒と一三期予科練生は講堂に集合を命じられた。その時の様子を同じ一期予備生徒の山本孝則は以下のように記している。

> やおら演壇に立った西田飛行隊長は、戦局の極めて厳しさを増した状況を前置きして「唯今から、貴様たちを中心とした特攻隊を編成する！」と告げた。一瞬、粛然となり、われわれは固唾を呑んで、隊長の言葉に耳を傾けた。……「いま手許に配った用紙は、志願するかしないか、貴様らの考えを率直忌憚なく書いて貰うためだ。書く要領は志願する者はマル！志願できぬ者はバッテン！どちらとも判断つかぬ者はサンカク！今から三〇分間、時間を与える。静かにかかれ……」たった、〇と×と△のいずれかを書き記すだけのことではあったが、その時の三〇分間という時間は、いまだに忘れようとしても忘れられない。（『貴様と俺』）

恭一自身もこの時の気持ちを「志願する迄は苦しい。然し出して仕舞い、発表になってしまえば何も苦しい事はない。」と、佐藤正知に語っている（「佐藤正知日記」）。

二月一六日には硫黄島に米軍の上陸が開始されており、次は沖縄が戦場になることが予想された。陸海軍は沖縄での闘いを、本土決戦準備が整うまでの時間稼ぎと位置づけていた。地上戦である本土決戦の主役は陸軍であり、海軍上層部は沖縄戦を海軍最後の闘いと認識していた。そのため海軍は沖縄への全戦力投入を企図し、成功する見込みの無い戦艦大和による沖縄への水上特攻を強行した。航空作戦においては、一部の本土決戦用機を除き全機特攻攻撃とする「菊水作戦」が決定された。恭一ら訓練課程にある者は、練習機での特攻攻撃が伝えられた。

恭一と共に築城空で特攻隊に選ばれた柴崎秀二によれば、練習機での特攻攻撃に対し動揺はおきなかったらしい。

> 気になるのは特攻兵器がなんであるかだ。まさか中練ではあるまいから、なにか(大)（筆者注：マルダイ『特殊攻撃機　桜花』）のような兵器があるのかな—と期待していた。後日の発表はまさかがまさかでなくなり「……お前たちの最も馴染みの深い……」と発表され、中練機で二十五番（二五〇キロ爆弾）を抱いて突っ込むことを知った。当初は布張りの中練機で大丈夫だろうかと、多少の不安や危惧もあった。しかし、次第に神経が麻痺してくるのか、訓練している中に「布張りの方が電探（筆者注：レーダー）にかかり難い……」などと勝手な理屈をつけてすっかりその気になり、それほど不安や危惧を感じなくなってきた。（『貴様と俺』）

九三中練での夜間・薄暮飛行訓練が進む中、恭一は四月頃偶然にも音楽学校同期の女学生と再会した。讃井智恵子は昭和十九年に福岡県築上郡に疎開し、近くの築城航空隊に「理事生（事務員）」として勤務していた。讃井の随筆「霞ヶ浦追想」によれば、再会は次のようであった。

> ある日、帰宅のため、椎田駅のホームにいると、にこやかに近づいてくる見知らぬ士官がいた。相手

は帽子をとった。顔ははっとするような白さであった。眉から下は黒く、くっきりと色分けされた感じである。鬼頭恭一と自己紹介し、入学式のときいっしょだったという。そういえばこんな人がいたようなという記憶であったが、ともかくその奇遇に驚いた。

恭一は休日の外出時には讃井と音楽について語り、ピアノを弾いていたようである。戦争中の疎開先であり、讃井にはいささか気のひけることであったが、音楽的刺戟をうけて作曲を試みるきっかけとなった。やがて、昭和二〇年五月、恭一に山形県の神町航空隊への移動命令がでた。一か月間、神町空で敵艦への突入訓練を行なうとのことであった。

再び讃井の随筆「霞ヶ浦追想」によれば、このときいよいよ恭一は音楽から離れる決心をしたように思える。

ちいさなひなびた駅で、おたまじゃくしを囲んで語った。帰宅しようと立つと、突然原語でマダム・バタフライの中の〝ある晴れた日に〟を歌い出した。すき通るようなテナーであった。一点を見つめて直立不動で歌っている。気恥ずかしかったが、帰るに帰られず黙って聞いていた。

恭一が出発する二週間前、讃井が小曲を作り、それを恭一が編曲をした。曲名は「惜別の譜」であった。五月二二日、山形へ向かう恭一は東京田園調布の佐藤正知の家に立ち寄っている。佐藤家は恭一が東京音楽学校受験のために上京した際、頼ったところである。後には恭一の実弟・哲夫も東京商科大学予科（現、一橋大学）入学のため上京したので、佐藤家から程近い所に土地を借りて小さい家を建ててもらい、そこから一緒に通学していたとのことである。「始めは音楽学校受験に反対していた恭一君の両親も、合格後はその実力を認めたようで、学費も出してくれたようです。名古屋の実家から愛用のピアノも送ってもらい毎日練習に励んでいました。ただ、あまり弾きすぎたのか近所の方に『時局がら不謹慎である』と新聞に投書されたこともありました」と、佐藤正知は回想する。

秋水部隊へ

数名の同期とともに神町空に着任した恭一は、九三中練での突入訓練を開始するとともに六月一日付けで少尉に任官した。この時期、恭一には将来を誓った婚約者がいた。東京音楽学校時代に、出会った女性とのことである。山形で結婚するつもりで、新居も探していたが突然、霞ヶ浦への転勤命令がくだされた。七月一日付けで霞ヶ浦の第三一二航空隊へ着任した恭一は、驚いたはずである。神町空での突入訓練を終えた後の実戦部隊であれば、当然特攻配置に付いた部隊であると考えていたと思われる。ところが着任してみれば、いまだ搭乗予定の秋水は完成しておらず飛行作業は訓練中心だった。そして、第三一二航空隊が対Ｂ29を目的とした戦闘機隊である以上、恭一は特攻要員からはずされたことになる。事実、恭一と同様に中練特攻要員から外された一三期甲飛予科練生や艦上爆撃機での特攻要員から外された一四期予備学生が着任していた。

ある晩、第三一二航空隊のガンルーム（士官次室）からレコードの音が流れ出した。レコード自体は禁止されていた訳ではないが、流れてきた曲は敵性音楽とされたジャズであった。早速規律に厳しい副長から大声で「ガンルーム！」と声がかかった。誰もが、曲を責める言葉が続くと思われたが、副長は「消灯時間を過ぎておるぞ！」とだけ続けた。戦後、元秋水隊員のなかでは、あの曲をかけたのは恭一だったのではないだろうかと考えられている。

昭和二〇年七月三〇日、恭一の父と婚約者がようやく列車の切符を手に入れ、恭一に面会するため霞ヶ浦基地を訪れた。隊門の衛兵に来意を告げると、衛兵の顔が青ざめた。鬼頭少尉は前日、訓練中の事故で殉職したのだと言う。婚約者は泣き崩れた。恭一操縦の九三中連は同乗の加藤長利少尉（明治大学専門部）とともに有蓋掩体壕に突っ込み、炎上し二人とも殉職を遂げていた。恭一と加藤少尉の部隊葬が行なわれ、出席者にはむせび泣く婚約者の姿が深く印象に残った。終戦まであとわずか二週間であった。

終戦から十日あまりが過ぎた、八月二六日。恭一と同期であった代田良少尉は復員列車の中で、遺骨をだいた美しい女性に出会った。代田少尉が話しかけると、遺骨は恭一であり自分は妻であると名乗った。代田少尉はその凛とした姿に強く心打たれたという（『貴様と俺』）。

昭和20年3月、任官直後の鬼頭恭一少尉

「秋水会」会報の最終ページには、物故者の一覧がある。鬼頭恭一氏も「S20・7・29　殉職　東京音楽」と掲載されている。年に一度開催された秋水会の際に、一四期予備学生出身の会員から部隊葬の話を聞いてはいたが、物故者を取材対象にすることにためらいがあった。ところが、数年前に偶然、インターネット上で秋水と鬼頭恭一氏の名前を発見した。愛知県在住で名古屋フィルハーモニー交響楽団コントラバス奏者の岡崎隆氏が運営しているウェブサイト「日本の作曲家たち」（http://www.medias.ne.jp/~pas/classic.html）である。岡崎氏によれば実弟が恭一氏の生涯を語り、歌曲「雨」が演奏されたカセットテープを所持しているとのことであった。岡崎氏に連絡をとり、カセットテープの複製を送っていただくとともに、岡崎氏の依頼により会報の住所に連絡をとってみた。しかし、すでに転居先不明となっていた。手を尽くし、関係者の捜索にあたったがたどり着くことはなかった。そのまま、数年が過ぎた昨年（平成二六年）、ある企画のため再び鬼頭恭一氏の関係者の捜索を開始した。前回と同じく捜索は困難を極めたが、幸運にも鬼頭家が営んでいた酒問屋をきっかけに関係者にたどり着くことができた。本稿は佐藤正知・明子夫妻（明子氏は恭一氏の実妹）から提供された資料とインタビューをもとに作成されている。

名古屋市内はＢ29による大規模空襲によって、灰燼に帰した。恭一氏が作曲した多くの譜面も焼失した。現在、関係者の手許に遺されているのは佐藤正知氏の兄がビルマで戦死した際に作曲した「鎮魂曲」と前述の「雨」、そして戦後讃井智恵子氏より提供された「惜別の譜」だけである。

今年（平成二七年）は、戦後七〇年を迎える。戦後に生まれ育った世代にとって「戦争」「英霊」「特攻」といった言葉は画一的なイメージに偏りがちであり、多分に表層的なものである。鬼頭恭一氏の足跡からは戦時における責務を受容しながらも、みずからの道を求め続けた若者の姿がみえてくる。海軍第一期予備生徒総員二二〇八人中、戦没者は一六四人である。その一人ひとりに、それぞれの「希望」そして「未来」があったはずである

【参考文献】

山本茂男『Ｂ29対陸軍戦闘隊』今日の話題社、昭和六〇年
津田清一『幻のレーダー・ウルツブルグ』復刻版、ＣＱ出版、平成一四年
巌谷英一・藤平右近『機密兵器の全貌』、興洋社、昭和二七年
広瀬英二郎『海軍教官：鮫島竜男』私家版、平成一四年
渡辺洋二『異端の空：秋水一閃』文藝春秋、平成一二年

荒蒔義次『続・陸軍航空の鎮魂』航空碑奉賛会、昭和五七年
福田禮吉『或る陸軍特別幹部候補生の一年間―ロケット戦闘機「秋水」実験隊員』文芸社、平成一四年
柴田一哉「陸軍特兵隊の記録」『鍾馗戦闘機隊』第三章、大日本絵画、平成一八年
持田勇吉『三菱重工名古屋五十年の回顧　往時茫々』菱光会、昭和四五年
ロバート・C・ミケシュ著、石澤和彦訳『破壊された日本軍機：TAIU（米航空技術情報部隊）の記録・写真集』
　三樹書房、平成一六年
ウィリアム・グリーン著、北畠卓訳『ロケット戦闘機：「Me163」と「秋水」』サンケイ新聞社出版局、昭和四七年
海軍水雷史刊行会『海軍水雷史』昭和五四年
燃料懇話会『日本海軍燃料史』原書房、昭和四七年
H L Salter "GATEWAYS: THE STORY OF LAPORTE 1888 -1988" ARCS,DIC,BSc,2012..
江戸川化学山北工場『釀造方面に於ける過酸化水素の応用』昭和一二年
澤野立次郎「大中恩先生が語る東京音楽学校時代」（東京藝術大学音楽学部『同声会報』一七（通巻三六七号）』平成
　二六年）
海軍第一期飛行専修予備生徒会『貴様と俺』昭和五一年
インタビュー（質問者：柴田一哉）
　「秋水隊について」高田幸雄、平成一五年
　「秋水試飛行について」松本俊三郎、平成一五年
　「秋水および呂號委員会について」廣瀬行二、平成一五年
　「柏基地の秋水について」百瀬博明、平成一八年
　「秋水について」林安仁、平成一八年
　「燃料廠での過酸化水素製造について」広瀬英二郎、平成二五年

第四章　市域と周辺の軍関連施設

1．高射砲第二連隊と現存する建物

栗田尚弥・浦久淳子

高射砲第二連隊

大正一四（一九二五）年、日本で最初の高射砲連隊、高射砲第一連隊が愛知県豊橋（後に静岡県浜松に移動）に開隊された。しばらくの間、高射砲連隊はこの第一連隊のみであったが、昭和一〇（一九三五）年の軍備改編により、高射砲第二、第三連隊が設置されることになった。

高射砲第二連隊（東部七七部隊）の編成準備は昭和一〇年に開始され、一二年に市川市国府台において編成を完了した。母体となったのは、野戦重砲兵第八連隊である。この第二連隊は、間もなく東葛飾郡富勢村根戸（現、柏市）に移動することになり、同年一二月には移転にともなう兵営や設備の建設、整地等の工事が開始され、翌昭和一三年一一月には連隊長河合潔中佐以下の隊員が富勢村に移動した。

高射砲第二連隊の昭和一三年当時の総兵員数は、河合中佐以下将校三七、准士官六、下士官九七、兵九八〇、合計一一二〇人であった。連隊の平時編制は二高射大隊（四個中隊）、二照空大隊（四個中隊）、一機関砲中隊及び材料廠とされたが、富勢村移動当時は、一高射大隊（三個中隊）と一照空大隊（二個中隊）であった。また、同連隊は、当初は近衛師団の隷下にあったが、一五年に東部（司令部東京）、中部（司令部大阪）、西部（司令部福岡）の各軍が設置されると東部軍隷下となった。

高射砲第二連隊に配備されたのは、昭和三年に正式採用となった八八式七糎高射砲（口径七五ミリ）であった。連隊では、移動の際に、これをフォード、日産、いすず等のトラックで牽引した。高射砲第二連隊は、当時の日本陸軍では珍しい機械化部隊のひとつだったのである。営庭内には四基の鉄塔が一〇〇メートル間隔で正方形に配置されたが、これは標的演習用の飛行機を釣り下げるためのものであった。そのほか、営庭内には自動車訓練場も置かれ、現市域の新田原、豊住、増尾、逆井などには照空大隊隷下の照空隊が展開した。

昭和一六年七月、防空体制充実のために、国内各軍を統括する防衛総司令部が設置されると、各軍の下に防空隊司令部が設置され、高射砲連隊も改編されることになった。高射砲第二連隊は東京防空隊高射砲第二連隊となり、また新たに東京防衛隊高射砲第一連隊が第二連隊と同じく富勢村の兵営で編成された。ただし、東京防空隊高射砲第二連隊は再編後ただちに世田谷に移動、第一連隊も板橋に移動し、富勢村には東京防空隊高射砲第二連隊補充隊のみが残された。

昭和一六年一一月、防空隊司令部が廃止され、東、中、西部各軍の下に防空旅団が新編された。防空隊高射砲連隊も防空連隊と改称され、東京防空隊高射砲第一、第二連隊は、それぞれ東部防空旅団隷下の防空第一連隊（連隊本部埼玉県安行）、第二連隊（連隊本部世田谷）となり、富勢村の補充隊は防空第二連隊補充隊となった。

昭和一八年八月、防空旅団は防空集団と改称、防空連隊は一一〇番台の番号が付されることになり、防空第一連隊、第二連隊は、東部防空集団隷下の防空第一一一連隊、防空第一一二連隊となった。また、防空連隊補充隊は解散されることになり、富勢村の防空第二連隊補充隊も解散し、その兵員と資材は東部防空集団隷下の部隊に充当された。補充隊解散後、富勢村の兵営には、留守近衛第二師団の歩兵および工兵の補充隊が入ったが、これらの部隊は、二〇年に東京師管区歩兵第二補充隊（東部八三部隊）と東京師管区近衛工兵補充隊（東部一四部隊）と名称を変更した。

昭和一九年六月、防空集団は高射砲集団と名称を変更、防空連隊も改称し、再び高射砲連隊となった。同年一二月、高射砲集団のうち、東部高射砲集団のみが改編され、高射第一師団となった（他の集団は翌年五月に高射師団に改編）。

昭和二〇年二月、米軍の日本本土上陸に備えて、東、中、西部軍に替わって地方ごとの方面軍が新設され、関東地方は第一二方面軍の管轄となった。さらに、四月には防衛総司令部が廃止され、大本営のもとに日本を二つに分けた、第一、第二総軍が置かれることになった。これにより、関東地方においては、第一総軍―第一二方面軍―第一高射師団―各高射砲連隊という指揮命令系統が出来上がった。この時、現柏市域を管轄していたのは、高射砲第二連隊の後身である高射砲第一一二連隊ではなく、高射砲第一一一連隊であり、同連隊の第一大隊第四中隊が、市域数ヶ所にも八八式七糎（口径七五ミリ）高射砲（合計六門）を配備した。

現在、連隊跡地は、市営住宅や富勢中学校をはじめとする公的施設が建てられているが、唯一鉄筋コンクリート製の建物が一棟現存している。この他、連隊の正門が、近くの高野山児童公園に移築・保存されている。

高射砲連隊跡地に残る建物

柏市根戸の高射砲第二連隊跡地に、「馬糧庫」と伝わる建物がある。本書口絵写真10に示した建物である。約一〇メートルの背の高いコンクリート造で、屋上には逆L字の二本のクレーン支柱が造り出されている。そのクレーンは『平和へのねがい（増補版）』では「高射砲引き上げ台」、『千葉県の戦争遺跡を歩く』では「ロープを架けて荷物を引き上げた支柱」と記述されているが、詳細は不明であった。

「馬糧庫」とは文字通り、馬の餌を保管などした建物だが、平成二五〜二六年度の柏市教育委員会の調査で、馬糧庫ではなく高射砲連隊専用の建物であり、ほぼ完全なかたちで残る貴重な遺構であることがわかってきた。金出ミチル氏が柏市教育委員会と共に二五〜二六年度に実施した調査の中間報告『旧柏市西部消防署根戸分署　高射砲第二連隊建造物調査報告書』（柏市教育委員会、平成二六年三月三一日）から、概要を紹介する。なお、建物の名称は、報告書と同じ「旧分署」と表記し、表は報告書から転載した。

『調査報告書』より

旧分署は、旧西部消防署根戸分署が一階部分を昭和四二年〜平成二一年まで、二階の一部を富勢商店会が平成二六年まで使用した。また二階と根戸分署移転後の一階は、高野台町会が現在も使用している。建物の主な特徴は、「鉄筋コンクリート造」「屋上からクレーン支柱を造り出す」「高さは三階建て相当」「屋上床スラブは重量物を乗せることを意図した構造で設計」「外階段から上層と屋上に入る」「平面規模は間口八メートル×奥行一六メートル」などである。

高射砲第二連隊が移転してきた昭和一三年、根戸に新しい軍事施設が建設された。この跡地については、『平和へのねがい（増補版）』などに敷地配置図が掲載されている。しかし、高射砲第二連隊が移転した後、一六年～一八年は残留部隊が、以後は東部一四部隊（工兵）・東部八三部隊（歩兵）が駐留という経過をたどった。配置図は東部一四部隊と八三部隊時代のものであるため、複数部隊の施設が混在し、高射砲連隊の建設当初の状況は把握できない。

高射砲第二連隊営門（『歴史アルバム』）

高射砲連隊の照空訓練（絵ハガキ）

問題となる旧分署の建物は、連隊の営庭南側中央に位置している。この営庭内には四基の鉄塔が一〇〇メートル間隔で正方形に配置され、標的用の模型飛行機をつり下げて防空訓練が行われた。

今回の調査は、昭和一〇年代の日本陸軍により朝鮮の咸興と会寧（現在の北朝鮮）に建てられた二棟の馬糧庫の設計図と、習志野市に現存する

1955年の空中写真（国土地理院）。○で示したのが「旧分署」、北側（上方）の田の字のような区域が「営庭跡」

明治三三年築の用品庫を比較するところから始められた。陸軍関係の書類の多くは終戦時に廃棄され、「陸軍では建築に関する標準設計と標準仕様を用いた」という指摘はあるものの、書類そのものが発見されていないためである。結果、建築年代は異なっているが、三棟の建物の基本は同型で、「陸軍では汎用性のある施設建設が行われ、馬糧庫もその範疇に入る」ことが裏付けられた。

馬糧庫の特徴は「木造、平屋」「麦・干し草・藁を分けて保管」「窓を広く取り、十分な換気を得る」「桁高さは三メートル弱（馬糧を積み重ね高さの限度）」などであり、旧分署の構造とは全くと言えるほど異なっている。東部一四・八三部隊が駐留した頃、適当な施設がなかったため、空いていた建物を馬糧庫に転用した可能性が考えられるという。

次に、類例に関する調査が進められた。旧分署と同じ時期と状況下で国内に高射砲連隊が設置された浜松、加古川、甘木、立川が対象となった（次頁表参照）。浜松に関しては、旧分署と酷似した建物が写り、鉄塔と一体をなす施設であることが推測される、一枚の絵ハガキがみつかった。一方、民間企業や中学校

郵 便 は が き

料金受取人払郵便

本郷局承認

7277

差出有効期間
平成28年1月
15日まで

1 1 3 8 7 9 0

(受取人)

東京都文京区本郷 3-3-13
ウィークお茶の水2階

㈱芙蓉書房出版 行

ご購入書店

(区市町村)

お求めの動機
1. 広告を見て(紙誌名) 2. 書店で見て
3. 書評を見て(紙誌名) 4. DMを見て
5. その他

■小社の最新図書目録をご希望ですか?(希望する しない)

■小社の今後の出版物についてのご希望をお書き下さい。

愛読者カード

ご購入ありがとうございました。ご意見をお聞かせ下さい。なお、ご記入頂いた個人情報については、小社刊行図書のご案内以外には使用致しません。

◎書名

◎お名前

年齢（　　　歳）
ご職業

◎ご住所　〒

（TEL　　　　　）

◎ご意見、ご感想

★小社図書注文書（このハガキをご利用下さい）

書名	円	冊
書名	円	冊

①書店経由希望 (指定書店名を記入して下さい) 書店　　　店 (　　　区市町村)	②直接送本希望 送料をご負担頂きます お買上金額合計(本体) 2500円まで……290円 5000円まで……340円 5001円以上……無料

等の敷地となった加古川の連隊跡地では、旧分署と同時期に建てられたと思われる、外観が酷似した建物が確認された。

建物の名称については、「照空予習室及測遠機訓練所」の可能性が高いという。朝鮮平壌に設置された高射砲第六連隊の敷地図に、旧分署と同規模の建物と推測される「照空予習室及測遠器訓練所」が、鉄塔を表す「目標柱」とともに記載されていた。この名称に着目すると、高射砲第一連隊の書類の中に、「高射砲第一連隊兵舎増築其他工事ノ内照空予習室及測遠機訓練所新築工事追加実施ノ件」とある。また、高射砲第三連隊の文書の中の「二、幹部教育ニ直接必要ナル兵器ノ支給目標柱ノ設置等ハ新設ト同時ニ行フヲ要ス」という記述から、営庭に建つ鉄塔が「目標柱」と呼ばれていたことが明らかになった。

以上、抜粋となったが、このような調査が実施され、結果は次のようにまとめられている（平成二六年三月時点）。

・旧分署の建物は、馬糧庫として建てられたものではない。
・昭和一二年〜一三年の高射砲第二連隊設置時に営庭南側中央に建てられた。
・目標柱（鉄塔）と対になって使用され、演習施設と機材保管の用途を兼ねるものであったと推測さ

昭和16年までに設置された高射砲連隊所在地

類例	所在地	名称
	豊橋	高射砲第１連隊（１次）
☆	浜松	高射砲第１連隊（２次）
	国府台	高射砲第２連隊（１次）
	柏	高射砲第２連隊（２次）
☆	加古川	高射砲第３連隊
☆	甘木	高射砲第４連隊
	会寧（朝鮮）	高射砲第５連隊
	平壌（朝鮮）	高射砲第６連隊
☆	立川	高射砲第７連隊
	屏東（台湾）	高射砲第８連隊

（☆は類例調査の対象）

れる。

・名称は「照空予習室及測遠機訓練所」の可能性が高い。

・現在確認されている類例は、加古川の一例のみ。

高射砲第二連隊の遺構は、営門と歩哨所が高野台児童公園に移設保存されている（歩哨所については「活動記録」参照）。この旧分署の建物も、七〇年以上の時を越えて残った、全国的にも珍しい遺構である可能性が高くなった。名称やどのように使用されたかなど、まだ不明な点は残るが、建物を活用しつつ後世に残していく方法はないか、話し合いが始まった。

【参考文献】下志津（高射学校）修親会編『高射戦史』田中書店、昭和五三年

2．第四航空教育隊（東部一〇二部隊、紺五七二部隊）

栗田　尚弥

柏飛行場の開設から約一年半後、飛行場と同じ田中村（十余二）に第四航空教育隊（東部一〇二部隊）が東京立川から移駐した。

航空教育隊とは、三か月の基礎訓練と機関、電気、武装、無線通信、写真、暗号、気象、高射機銃、自動車等に関する三か月の特業教育、合計六か月の訓練・教育を兵士に施し、主として航空機整備等地上勤務の航空兵を養成する教育部隊である。また、昭和一八（一九四三）一二月に陸軍特別幹部候補生（特幹

生）の制度が出来ると、特幹生に対する特業教育も行った。特幹生制度とは、一五歳以上二〇歳未満の男子志願者のなかから選抜し、飛行、船舶、通信、兵技などについて一年半の教育を施し、陸軍の短期現役下士官を養成する制度である。

第四航空教育隊は、昭和一三年七月の開隊当初から、田中村への移駐を計画されていたようで、防衛研究所に保存されている昭和一三年六月三日付の「第一飛行集団経理部長ヘノ達案」（ＪＡＣＡＲ［アジア歴史資料センター］Ref.C01002346400）には、新兵営の工事案として「将校集会所新築ハ平積四四七平方米トス」「撃剣道場新築ハ（師範席ハ取止ム）平積一四四平方米」「経費ハ拾四万貳千七百円」などと記されている。新兵営の工事がいつ開始されたかは不明であるが、一四年一〇月六日には地鎮祭が田中村で実施されている。また、翌一五年四月二一日に、転営披露及び第二回創立記念日が挙行されており、部隊の移駐はこの頃完了したものと思われる。

立川での開隊当初、第四航空教育隊は、昭和一三年六月に組織された第一飛行集団（司令部東京→岐阜県各務原）に直接隷属していたが、のちに同飛行集団隷下の第一〇一教育飛行団に隷属した。一七年第一飛行集団が解散し、その要員をもとに同年四月第五一教育飛行師団が組織されると、第一〇一教育飛行団は第五一教育飛行師団に隷属し、第四航空教育隊も第一〇一教育飛行団を通して第五一教育飛行師団に隷属することになった。同年六月、第五一教育飛行師団の担当により第一航空軍（司令部各務原→東京）が組織されると、第五一教育飛行師団はこの第一航空軍の隷下に入り、第一航空軍―第五一教育飛行師団―第一〇一教育飛行団―第四航空教育隊という指揮命令系統が出来上がった。一九年六月、第一〇一飛行団が解隊され、新たに第一航空教育団が編成されると、第四航空教育隊は改めて第一航空教育団の隷下に入った。

昭和二〇年四月、大本営は本土決戦に備え、天皇直属の第一、第二及び航空の各総軍を編成、航空部隊の大規模な再編成も実施された。航空総軍のもとには従来の航空軍（終戦時には第一〜第六航空軍が存在）が隷属し、原則として航空各部隊はこの航空軍に隷属したが、第四航空教育隊は、航空軍ではなく航空総軍に隷属する第五二航空師団（司令部熊谷）隷下の第三航空教育団に隷属した。なお、第四航空教育隊の以前の隷属先である第五一教育飛行師団は、第五一航空師団となり、第一航空軍の隷下を離れ、やはり航空総軍に隷属することになった。ちなみに、同じ航空関係の師団でも、飛行師団は戦闘を主任務とする師団であり、航空師団とは練習、錬成、教育を主任務とする師団である。第五二航空師団隷下になった頃、第四航空教育隊は通称号も変更、東部五七二部隊、さらに紺五七二部隊となった。

防衛研究所に残る記録によれば（陸軍航空本部「八日市陸軍飛行場並柏航空教育隊練兵場拡張工事の件」、ＪＡＣＡＲ Ref.C06030118900）、第四航空教育隊は、一七年七月以降に練兵場の拡張工事を行っている。兵員の増加に対処するためであろう。また、終戦間際には、本部を新川村（現、流山市）の国民学校に移転しており、さらに空襲に備え、野田町の野田醤油（現、キッコーマン）の倉庫を借用し、そこに兵舎を移転する計画もあったようだ。兵員数も年を追って増加し、昭和一三年の開隊当時には各特業を合わせても入営兵の総数は四〇〇人弱であったが、一八年一二月の総兵員数（軍属を含む）は二九七二人となっている（『柏市史近代編』）。しかし、終戦間際には、「ガソリンがないので飛行機の整備訓練ではなく、地上戦の訓練ばかりやっていた」（元特幹生談、同書）という。

ところで、第四航空教育隊の敷地内に、終戦後毒ガスが埋められたとの話をしばしば耳にする。噂の真偽は別として、第四航空教育隊内において、何らかの毒ガス訓練が実施されていたのは間違いないようだ。例えば、「昭和十三年度徴集前期入営兵特業教育区分ニ関スル件」（防衛研究所蔵、ＪＡＣＡＲ Ref.C010044

18700）には、「特業区分」のひとつとして「瓦斯兵」が挙げられており、また、昭和一三年一〇月、牧野正迪第一飛行集団長は、化学戦教育用として「九六式斥候検知器」「瓦斯試具器」等を隷下航空教育隊（第一～第五）に支給するよう、板垣征四郎陸相に請求している（「化学戦教育用器材特別支給相成度件申請」昭和一三年一〇月五日付、同上、JACAR Ref.C01004552400）。なお、終戦直前の二〇年八月、当時小金井町（現、柏市光ヶ丘）の東亜専門学校（現、麗澤大学）内にあった第九三師団司令部において開かれた作戦会議において、米軍迎撃のために毒ガスの使用を提案するものもいたが、師団長山本三男中将は、「住民に被害がでるし、また毒ガス使用は国際法違反である」としてこれを斥けたという（前掲『柏市史近代編』）。

現在、柏市高田の梅林第四公園には、第四航空教育隊の営門が移築され、現存している。

【参考文献】防衛省防衛研究所所蔵資料。

3．松戸飛行場と藤ヶ谷飛行場

栗田　尚弥

太平洋戦争中、東葛飾郡内には柏飛行場のほかに陸軍飛行場が二つ置かれていた。藤ヶ谷飛行場（風早村［現、柏市］、鎌ヶ谷村［現、鎌ヶ谷市］）と、松戸町（昭和一八年市制）と鎌ヶ谷村にまたがって存在していた松戸飛行場である。このうち松戸飛行場は、柏飛行場と並んで昭和一六（一九四一）年七月、「帝都」防空のための「根拠飛行場」に指定された。ただし、松戸飛行場は柏飛行場と異なり、軍の飛行場ではなく、民間航空機の乗務員や整備員を養成するための逓信省中央航空機乗員養成所（のちに松戸高等航空機乗員養成所）付属の飛行場として開設された。

中央航空機乗員養成所および付属飛行場の敷地設定は、昭和一二年頃から始まった。当初逓信省は、神奈川県を第一の候補地と考えていたが、当時の八柱村（一四年松戸町に合併）の村長渡辺喜平治ら地元有力者による熱心な誘致運動もあり、結局東葛飾郡に建設されることになった。一三年一二月、大蔵省は乗員養成所および付属飛行場建設の予算を承認し、翌一四年一月には松戸飛行場の地鎮祭が挙行され、飛行場の建設が開始された。建設工事には地元の人々や中学校、青年学校など近隣の学校の生徒も協力し、まず一五年三月に飛行場が完成、五月には乗員養成所の建物も完成した（六月、乗員養成所第一期生入校）。千葉県が編集・発行した『松戸飛行場工事記念帖』（昭和一五年）によれば、飛行場は東西一・二キロメートル、南北も一・二キロメートル、標高は二七メートル、地表面は全て張芝され、「排水ノ完璧ヲ期スルタメ表面排水及地下排水ヲ併用」した、なかなか近代的なものであった。

民間航空機の乗員養成所とは言っても、松戸飛行場は「有事」の際には陸軍によって使用されることを前提としており、乗員養成所の卒業生も、日中戦争勃発後損耗率を増していた陸軍航空隊の要員となることを期待されていた（実際、卒業生のほとんどが予備役航空兵将校として従軍した）。そのため、所長の佐藤進陸軍少将以下、乗員養成所の教官は陸軍の将校・下士官が多数を占めた。

駐機する97式戦闘機（『歴史アルバム』）

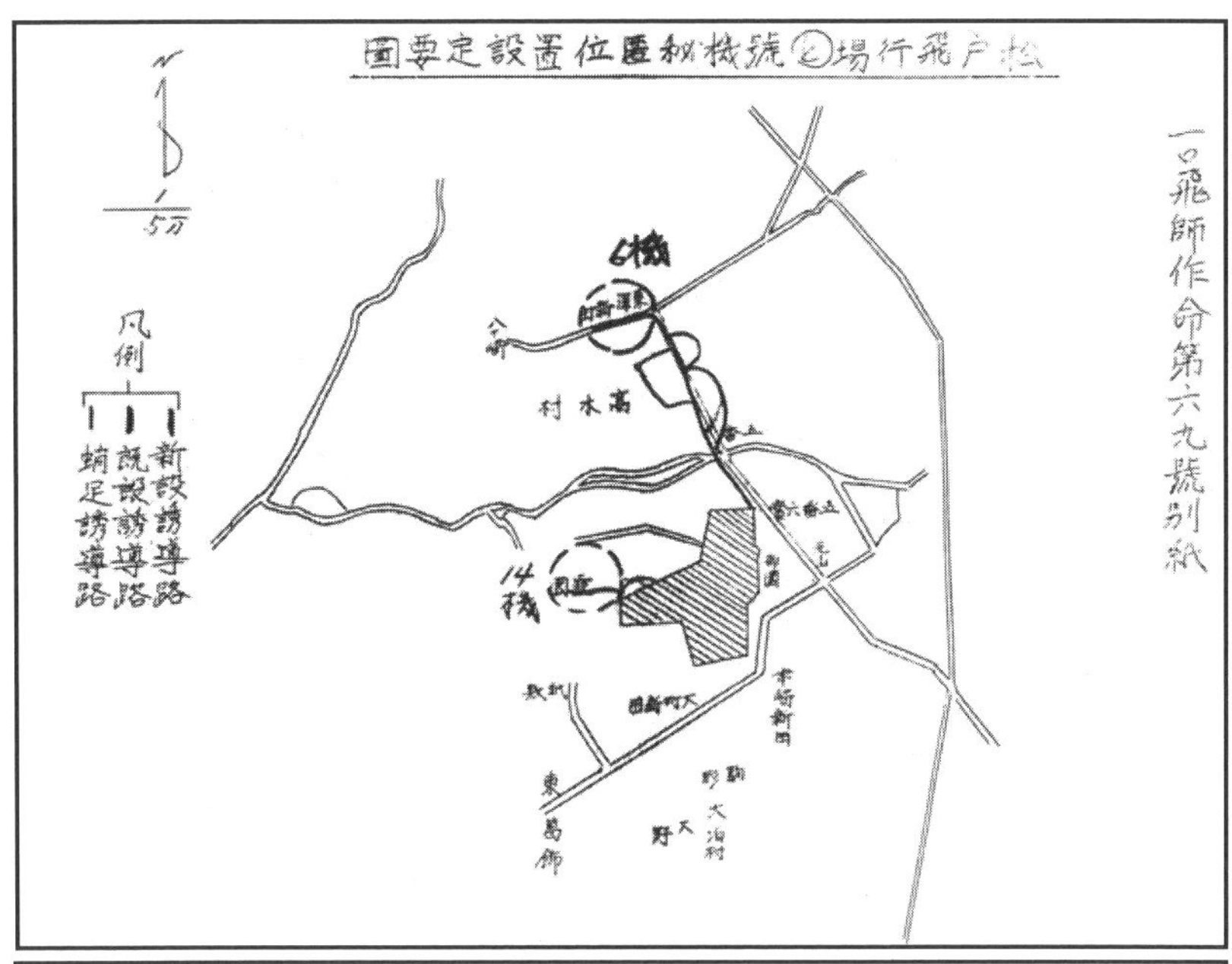

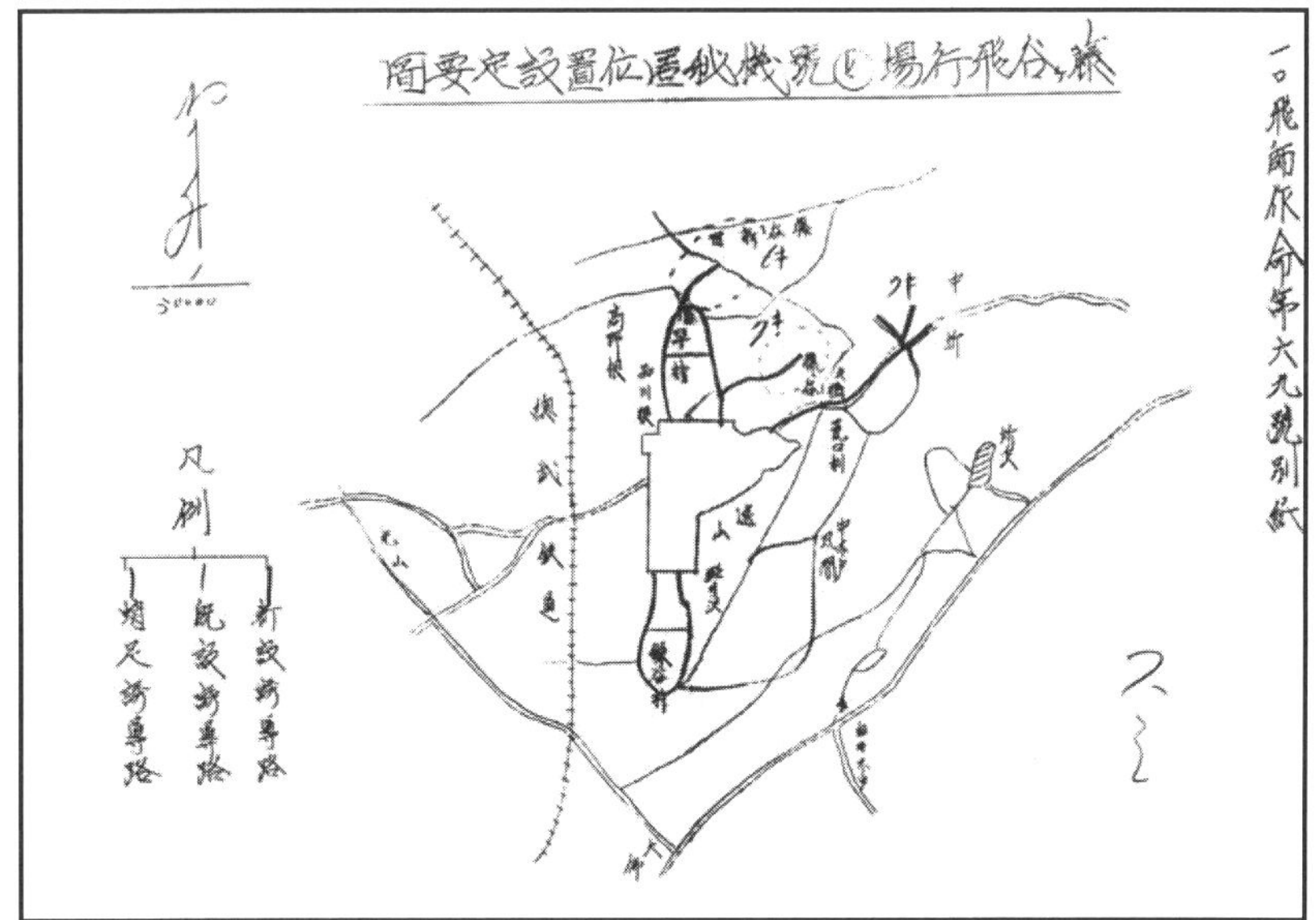

本土決戦のために発動される予定であったと号作戦のためのと号機の秘匿地図

太平洋戦争開戦時、松戸飛行場には柏飛行場の飛行第五戦隊に所属する九七式戦闘機の一部が配置されていたが、昭和一七年には柏飛行場とともに二式複座戦闘機（屠竜）への機種変更が実施された。また、一七年には、独立飛行第四七中隊（二式［単座］戦闘機［鍾馗］）も、一時松戸飛行場を基地としている。一八年七月、第五戦隊は、柏、松戸両飛行場を後にしてジャワ島に赴いた。一九年二月、飛行第七〇戦隊が「満州」から松戸飛行場に移動、松戸飛行場は初めて戦隊本部を置く飛行戦隊を受け入れることになった。しかし、同戦隊は同年八月再び「満州」に移動、替わって飛行第五三戦隊が松戸飛行場に入った。

飛行第五三戦隊（戦隊長・児玉正人少佐）は、昭和一九年三月所沢飛行場で開隊し、五月頃までに編成を終了、九月に松戸飛行場に移動した。同戦隊は、屠竜を主力とする部隊で夜間邀撃を専門とし、「猫の目部隊」「ふくろう部隊」と通称され、昭和二〇年三月一〇日の東京大空襲の際にもB29邀撃に出動している。また、B29に対して体当たり攻撃を実施する震天制空隊も戦隊内に編成されている。二〇年六月、第五三戦隊は松戸から新設の藤ヶ谷飛行場に移動、替わって松戸飛行場には、飛行第一八戦隊（五式戦闘機［五式戦］）が柏飛行場から移動し、終戦を迎えた。柏飛行場の場合同様、松戸飛行場も戦時中に拡張され、終戦時には南北一・四キロ、東西一・八キロにまでその規模を拡大している。また、有蓋二八、無蓋二七、計五五ヶ所の掩体壕もつくられている（第一復員局「本土における陸軍飛行場要覧」、防衛研究所蔵）。

終戦後、松戸飛行場も他の日本軍施設同様米軍によって接収されたが、昭和二一年日本に返還された。この返還地は、二四年に今度は開拓用地として国から松戸市に払い下げられ、さらに民間に払い下げられた。しかし、二八年、開拓地は保安隊（陸上自衛隊の前身）に買収され、現在は陸上自衛隊松戸駐屯地となっている。

昭和一九年秋には、東葛飾郡第三の陸軍飛行場である藤ヶ谷飛行場の建設も開始された。建設に先立っては土地収用が半ば強制的に実施され、七〜八軒の農家が立ち退きを余儀なくされたという。建設に際しては、付近の住民に勤労奉仕の割り当てがあり、近隣の国民学校高等科や中等学校の生徒、さらには大相撲の力士も動員され、多数の朝鮮人労務者も建設に従事した。また、滑走路に使う砂利など建設機材を工事現場に運ぶために、東部野田線の六実駅から工事現場まで鉄道の引き込み線が引かれたという。

翌二〇年、藤ヶ谷飛行場の建設工事は終了した。飛行場は、風早村（現、柏市）と鎌ヶ谷村にまたがり、面積約一五〇町歩（約一四八ヘクタール）、滑走路の長さは南北に一二五三メートルであり、周辺には三〇の有蓋掩体壕が配置された。同年六月、飛行第五三戦隊が松戸飛行場から移駐した。移駐後間もなく同戦隊は、「旺盛ナル攻撃精神ヲ発揮シ　B二九　一六八機撃墜スルノ成果ヲ収メテ任ヲ完遂セリ」との感状を、第一二方面軍司令官田中静壱大将から授与されている。

敗戦にともない藤ヶ谷飛行場にも米軍が進駐することになり、同年九月米陸軍航空軍第五航空軍麾下の部隊が飛行場に入った。昭和二一年になると米占領軍部隊の本国帰還が本格的となり、米軍によって接収された地域の返還が相次ぐが、藤ヶ谷飛行場はそのままアメリカ陸軍航空軍（二二年に空軍として独立）のシロイ・エアー・ベース（白井基地）となった。二七年、サンフランシスコ講和条約が発効すると、白井基地は改めて日本政府から米軍への提供財産となった。昭和三四年一一月、基地の大部分が日本に返還され（全面返還は三六年六月）、今度は海上自衛隊下総航空基地となり、現在に至っている。

【参考文献】

防衛省防衛研究所所蔵資料
千葉県編集・発行『松戸飛行場工事記念帖』昭和一五年
航空情報部編・秦郁彦監修『日本陸軍戦闘機隊』（改訂増補版）酣燈社、昭和五二年

4．柏憲兵分遣隊

吉田　律人

軍隊が効率的に活動するには、組織内部の秩序を保たなければならない。そこで重要な役割を担ったのは、軍隊内部の「警察官」である憲兵で、その制度の大枠は憲兵条例（憲兵令）によって定められていた。同条例に依れば、憲兵は軍人の犯罪捜査や思想統制にあたるとともに、一般人の日常生活にも介入することができた。また、憲兵の部隊は、師団─旅団─連隊─大隊─中隊等を基本とする陸軍の部隊編成と異なり、全国の憲兵を指揮する東京の憲兵司令部以下、憲兵隊─憲兵分隊─憲兵分遣隊の規模で編成され、基本的に憲兵隊は師団単位、憲兵分隊は一～二の連隊区単位で設置されていた。

しかし、軍事施設の散在する東京周辺には、東京・千葉・埼玉を管轄する東京憲兵隊と、神奈川・山梨を管轄する横浜憲兵隊の二つがあり、東葛地域を管轄したのは東京市麹町区竹平町に本部を置く前者であった。部隊の構成員には、管轄地域の性格に基づき、時期や地域によって差が存在した。例えば、昭和一四（一九三九）年八月段階の東京憲兵隊の場合は、本部一二〇人以下、一〇四人を擁する麹町分隊を除き、分隊一一～四六人、分遣隊五～八人の範囲で編成されている。

さて、柏飛行場の開設に伴い、柏にも憲兵が常駐することになった。昭和一二年、柏飛行場の開設が決定すると、陸軍中央は軍人の増加等を見越し、一二月一七日に市川憲兵分隊内に柏憲兵分遣隊を創設、同二七日には、憲兵隊配置及憲兵隊管区表も改正され、柏憲兵分遣隊を市川憲兵分隊の管轄下に位置づけた。当時、東京憲兵隊の指揮下には、麹町、本所、板橋、赤坂、牛込、渋谷、立川、豊岡、市川、習志野、千葉、館山の一二個の憲兵分隊があり、市川憲兵分隊は千葉県に隣接する東京市の東部と市川市及び東葛飾郡を管轄地域としていた。柏憲兵分遣隊は柏地域で日常を過ごす軍人の秩序を維持するとともに、一般人の生活にも監視の目をむけていた。

昭和一四年の記録に依れば、柏憲兵分遣隊は分隊長の准尉以下六人で構成され、軍馬二頭も配備されていた。さらに昭和一五年四月六日には、柏町柏二九番地（現、イトーヨーカ堂柏店駐車場）に新築の庁舎が完成するなど、警察活動を支える施設も充実していった。その後、柏憲兵分遣隊は憲兵制度の改編に伴い千葉憲兵隊の柏憲兵分隊に昇格、昭和二〇年六月三〇日改正の憲兵隊配置及憲兵分隊管区表に依れば、同分隊は柏を中心に市川憲兵分隊の管轄（行徳町、松戸町、浦安町、南行徳町、高木村、馬橋村、鎌ヶ谷村、大柏村、風早村、手賀村）を除く東葛飾郡一帯を管轄区域としていた。「終章」に記されているように、二〇年五月三一日には憲兵が花野井の区長をしていた平川善仁家を訪れ、飛行場の勤労奉仕に不満を言っている村人について聞き取りを行っている。

しかし、その後まもなく日本は敗戦を迎え、各地の憲兵隊は残務処理を行った後、一一月一日には所属するすべての憲兵が復員、柏憲兵分隊も廃止されることになった。

元憲兵分遣隊庁舎(昭和38年撮影)。戦後、自治体警察庁舎・町役場として使われた。(『歴史アルバム』)

5. 柏陸軍病院

吉田 律人

軍隊の所在する地域には、軍事行動を展開する「部隊」だけでなく、軍需物資を供給する軍工廠やそれを保管する軍用倉庫、構成員の体調を管理する軍病院、各種演習施設等が設置され、駐屯部隊の軍事行動を支えていた。柏飛行場の設置決定以降、柏地域にも関連する軍事施設が次々と建設され、柏陸軍病院もその一環として設置される。

昭和一三（一九三八）年六月頃から病院敷地の買収が進む一方、翌一四年三月二五日には、市川市の国府台陸軍病院内に柏陸軍病院が開設された。これは施設完成までの一時的な措置で、移転までは国府台陸軍病院長が柏陸軍病院を監督することになっていた。その後、施設の一部完成に伴い、柏陸軍病院は四月一五日に東葛飾郡田中村大字花野井に移転、本格的な業務を開始するとともに、所在地となった田中村及び隣接する富勢村の村長からは娯楽室寄贈の申し出があった。翌年二月に陸軍側はそれを国有財産として受納している。こうした一連の過程を経て、同地が柏地域における軍事医療の拠点となっていく。

昭和一四年七月に、柏陸軍病院に初めての患者一七人が搬送されてきたとされており、以後柏近辺を衛戍地とする陸軍各部隊からの患者が入院する。防衛省防衛研究所が所蔵する旧陸軍公文書の中に、柏陸軍病院の活動の一端を見ることができる。陸軍衛生材料廠所有の患者自動車の交付を受けるため、柏陸軍病院を所管する留守近衛師団長から陸軍大臣宛に出された申請書に依れば、「当院ハ現在収容患者常ニ九五名内外（内還送患者三五名ヲ含ム）ヲ算シツツアリ、更ニ本年度高射砲二聯隊ノ軍備改編並本年三月第四航空教育隊ノ転営完了等ニ拠リ急激ナル人員ノ増加ヲ来シ、三月以降ニ於ケル衛戍地兵員ハ三八七〇名ニ達シ、昭和十四年度平均人員ノ二倍ニ増加ス」と、一五年度当初において九五人の患者を数え、今後兵員の増加に伴い、倍増するだろうと予測されている。

昭和一五年時点で柏陸軍病院が救療業務を担当する部隊及び施設は、高射砲第二連隊、陸軍航空廠立川支廠柏分廠、飛行第五戦隊、柏憲兵分遣隊、第四航空教育隊、陸軍糧秣本廠流山派出所の六つであったが、

柏陸軍病院正門(昭和15年)(『歴史アルバム』)

さらに「将来引続キ高射砲第二聯隊及飛行第五戦隊ニ於テ留守業務ヲ担任スル第一線部隊ヨリノ還送患者多数ヲ収容スルトキハ、本年三月以降ニ於ケル予想収容患者数ハ現在ノ二倍タル一九〇名ヲ超過スル見込ニテ、目下病院ノ拡張ヲ申請中ナリ」と、業務内容の拡大を示唆している。軍事施設の充実や戦闘の激化によって柏陸軍病院の役割は高まっていった。

昭和一六年二月には、近衛師団長が陸軍大臣に対して、軍医一人と看護婦五人の増員を求めている。この理由は、「当院ハ現在定員通ノ軍医四名（病院長一ヲ含ム）及看護婦五名アリ、入院患者ハ最近一二〇名内外（内約三〇名還送患者）ナリ、然ルニ昨十五年八月二等病院昇格ニ伴フ病室増築ハ去ル一月中旬完成シ、常時約二二〇名ノ入院患者（内還送患者約一二〇名）ヲ収容セント企図シアリテ、現ニ第一収容病院等ヨリ続々患者転入シ来リ、現在約一九〇名ニ達シ予定ノ二二〇名ニ達スルモ遠カラサル状態ナリ」としたほか、航空関係部隊の衛生兵

教育など、業務内容の拡大にあった。こうした点から柏陸軍病院が軍事医療の中核的な役割を担っていたことがわかる。

田中・柏・富勢・我孫子の国防婦人会員は入院患者の洗濯奉仕や雑草取りなどの勤労奉仕を行い、地元の国民学校児童らに加え、日活女優らも慰問に訪れた。

その後、同病院は近衛師団長から東部軍司令官、東京師団長、東京師管区司令官の管轄下を経て敗戦を迎える。敗戦後の二〇年一二月厚生省に移管され、結核療養を主とする国立療養所柏病院を経て昭和五三年には国立柏病院となり、平成五年に柏市立柏病院となった。

6．柏忠霊塔

上山　和雄

当地域をはじめとする千葉県の現役兵の大部分は、佐倉の歩兵第五七連隊に入営し、そこで厳しい兵士としての訓練を受けていた。満州事変後の昭和八（一九三三）年に満州国を建国したが、各地で抗日勢力が活動し、その鎮圧のために内地から軍隊を派遣しなければならなかった。佐倉連隊は昭和一一（一九三六）年に満州に派遣され、日中戦争が始まった後も、また太平洋戦争が始まった後も満州奥地で抗日勢力との戦いに明け暮れ、敗色濃厚となった一九年に南方に派遣され、ほぼ壊滅する。

昭和一二年七月七日に日中戦争が始まった後の八月一三日、戦火が上海に飛び火して第二次上海事変が発生する。この戦火拡大に対応して兵力を増強するため、陸軍は大動員をかける。九月二日、第一〇一師団への動員令が下り、佐倉に残って居た留守部隊を核にして第一五七連隊が編制され、一一日には戦時編制約四〇〇〇人の動員を完了する。現役を終え、村や町で日常生活を続けていた予備役の人々を動員したのである。

早くも九月一七日には佐倉駅から出発し、神戸港から輸送船に分乗して上海に上陸し、九月末以降、中国軍と至近距離で激しい市街戦を展開し、多くの戦死者を出した。日中戦争の時期は戦争に関する記事が詳細に報じられ、当時の地方新聞には顔写真入りで多くの戦死者の名前と住所が記されている。当地域からも多くの戦死者を出した。「英霊」の遺骨は佐倉連隊区司令部に還送され、司令部において遺族・役場兵事主任に渡され、柏駅や我孫子駅に多くの人々の出迎えを受けて到着する。柏町で戦没者の町葬が初めて営まれたのは昭和一二年一一月で、町長はじめ公職者・在郷軍人会員・国防婦人会員・青年団員・小学校生徒ら多くの町民が参加する盛大な葬儀が営まれた。

柏忠霊塔

柏地域に多くの陸軍施設が建設され、戦死者が増加してくると、柏を衛戍地とする部隊から出征し、戦死した兵士を祀る陸軍墓地と忠霊塔の建設が求められるようになった。当初は運河周辺への建設が考えられたが、柏町と富勢村との間で誘致運動があり、昭和一五年七月、眼下に手賀沼を望む高台（現在の柏公園）に陸軍墓地と忠霊塔建設が決定された。周辺町村は寄付金や勤労動員で建設に協力し、昭和一八年一一月、一〇〇〇柱以上の収容能力を持った忠霊塔が建設される。塔とはいっても四間四方のモルタル塗瓦葺きの質素な「堂」であった。

竣工後の忠霊塔は、生徒・児童や町内会員の勤労奉仕などによって維持され、柏衛戍地部隊の参拝対象になっていたが、忠霊塔には一柱の遺骨もおさめられず、墓地も造営されなかった。敗戦後は荒れるにまかされていたが、独立回復後戦争で犠牲になった人々を祀ろうという動きが高まって慰霊碑建設奉賛会が設立され、昭和三三（一九五八）年七月、衛戍部隊の忠霊塔ではなく、市民の忠霊塔として再建された。

現在では建設時に植えられた桜が大きくなり、市内の桜の名所の一つになっている。

7. 気象技術官養成所

上山 和雄

柏市の見晴らしの良いところから柏駅方面を見ると、三〇メートルはあろうかと思われる塔の上に、大きな球体を乗せた構造物を見ることができる。柏駅西口から徒歩一〇分程の柏市旭町七丁目に所在する気象大学校である。広いグランドと樹齢を重ねた桜などの樹木、手入れの行き届いたゆったりした庭がある。全寮制ではあるが一学年一五人だから、人の気配はあまりない。

気象大学校の前身、中央気象台付属気象技術官養成所が柏に開設されたのは、昭和一九（一九四四）年四月のことであった。

測候所の技術教育は、明治三三（一九〇〇）年から短期の練習会、明治四四年からは練習生を採用して行っていたが、大正一一（一九二二）年に至ってようやく、中央気象台付属測候技術官養成所が中央気象台（東京市麹町区元衛町）の一角に設立される。さらに同一三年には養成所規程が改定されて修業年限三年、定員一〇人の本科に加え専修科もおかれた。養成所に入ると手当てを支給され、また卒業すると技手として採用されて測候所に配属されるので、養成所入学の倍率は当初より高かった。しかし、配属が一巡すると技手の定員がいっぱいとなり、昭和七、八年の二年間は募集しなかった。この間に皇居内にあった寮が品川に移転して智明寮と改称し、昭和九年には一五人を採用した。

軍隊にとって戦時のみならず平時においても、天候は軍事作戦にとって重要な要素を占めると思われるが、この時期まで、陸軍・海軍とも文部省管下の技術官養成所や気象台・測候所と緊密な関係を持っていた様子はうかがわれない。気象台・測候所から気象情報を得たであろうが、自ら気象観測部門を持ち、陸・海軍の航空部門の運用や艦艇の移動などに不可欠な観測と予報を行っていたのである。

満州事変、日中戦争の開始、さらには予測される南方への展開は、気象技術者の需要を急増させることになった。昭和一三年四月入学の本科生は、海軍委託生六人と朝鮮総督府からの委託生三人を含んで三九人になり、以後四九、八九人と急増し、昭和一六年には陸軍二一、海軍二二、満州・朝鮮などからの一九人を加え、一二二人に及んだ。中央気象台と同じ敷地にある校舎では手狭になり、一六年から新校舎の敷地を物色し、同年夏には柏に土地を確保した。柏駅から徒歩一〇分程度とはいえ、昭和三年に開設された柏競馬場に近く、当時は大字豊四季といい、江戸時代までは幕府の牧の一角で明治になって開墾が始まったが、なお林に覆われた地域だった。

昭和一六年一二月八日に連合国との戦争が始まると同時に、気象報道管制が実施され、天気予報の公表、天気図の発表が中止され、ラジオ・新聞、その他一般に対する天気予報も中止された。以後、気象観測、予報などは軍事機密となった。

柏の校舎は昭和一七年早々から建築工事が始まり、昭和一七年二月二八日に、気象器械の製作改良実習

気象技術官養成所用地（昭和16年）（『歴史アルバム』）

施設として中央気象台柏出張所が八木村駒木新田に設置されたとの記述がある。最初の施設は、飛行場近接の地に設置されたのかもしれない。

一八年四月入学生（二一三人）は、東京と柏に半数づつ分かれ、柏では入学式も授業も柏国民学校で行い、宿舎も北小金の東漸寺を借り、六月から新築の校舎・宿舎に移転する。一九年二月には東京に残っていた生徒が移転し、四月には養成所本部も移転し、柏が気象技術者養成の本部となった。戦争中ではあったが寮も含めて施設は完備し、畑や林の中に建設された校舎であっただけに目立ち、二〇年八月六日に艦載機の攻撃を受け、三人が重傷を負ったという。

陸海軍の委託生は卒業後もちろん軍務に就くが、それ以外の「本台生」と言われる一般生徒も、一五年度卒業生以降、軍隊に入る割合が高くなり、その多くが艦艇乗組員や南方派遣となり、多くの戦死・抑留者を出した。

柏の養成所はグランドがあり、きれいな芝生が植わっていたといわれるが、戦争末期から戦後にかけてはすべてイモ畑となった。敗戦後、途を他に求めて養成所を去る生徒もかなり出たが、一学年一〇〇人から二〇〇人近い生徒を擁して、運営は大変だった。全寮制であっただけに、食糧難は深刻で、一九年、二〇年入学者の座談会の記録には、「本科三年間の思い出はすべて食い物に結びついている。柏の藷こそ、まさに命の恩人である」と言いつつ、『柏』と聞いただけで身震いしたくなる」と言った記述に満ちている（『気象大学校史（Ⅱ）』）。

昭和二一年の新入生は一挙に二〇人に減り、さらに占領軍は技術官養成所廃止の方針を出し、二六年四月、研修所に改められて職員の再教育のみを担当することになる。しかし高等教育を受けた技術者の欠乏が次第に深刻化し、昭和三四年、養成所の復活であり、気象大学校の前身となる二年制の高等部を設置し、三七年度から気象大学校と称し、昭和三九年度から四年制の大学部（定員一五人）となった。

【参考文献】

気象庁『気象百年史』昭和五〇年
気象大学校校友会『気象大学校史（Ⅱ）創立七五周年記念』平成九年
気象大学校校友会『気象大学校史　資料編　第一集』（年欠）

8．日立製作所と東京機器工業柏工場

櫻井　良樹

柏が東京のベッドタウンとして変貌しはじめたのは昭和三〇年代からであった。それは住宅公団の光ヶ丘団地や豊四季団地によって本格化したが、郊外住宅地としての顔は、不動産会社の大規模開発や大企業の社宅建設によって始まったと言ってよい。柏駅の南西方向で東急不動産が宅地開発を始め、また電電公社（現、ＮＴＴ）や日立製作所の社宅が建てられた。しかしこのあたりが軍需工場の跡地であったことを知る人は、今となっては少ない。

柏神社の裏手のあたりから柏市立第三小学校の脇を通って日立台に至る斜めの道がある。三小通りという名前があるが、最近では日立のサッカー場に歩いて行く人が使うためにレイソル通りとも呼ばれている。かつてこの道の東側一帯は東京機器工業（現、トキコ）が、そしてこの道が五叉路に行き当たる西側一帯には日立製作所の柏工場があった。そしてこれらはともに戦争が拡大していくなかで、日本が軍需物資の増産を必要としたことによって柏に進出してきた工場であった。

東京機器は、GHQに提出した資料によれば、もともと川崎において蒸気機関車や自動車部品を組み立てていたが、当局より飛行機の部品を作ることを命じられ、昭和一七（一九四二）年一二月に地鎮祭が行われ、昭和一九年三月に操業を開始した。この頃には親会社となっていた日立製作所の横に敷地を定めたのであった（『続柏のむかし』は昭和一八年四月に操業開始としている）。ここでは航空機用の燃料噴射ポンプが製造された。建物は一一棟あり、昭和二〇年三月から八月にかけて作られたその数は総数で一七〇個、工具機械数は二一九、発動機数は六九個あったという。次頁下に掲げた地図では、工場の具体的な位置はわからないが、当時の空中からの写真によると南北に走る道の両側に工場があった（地図の左上の方の区画が細かく分かれているあたり）。敷地は約四四万五〇〇〇平方メートル、建物は工場約一万八〇〇〇平方メートル、寮その他の施設が七三〇五平方メートル、一九四五年四月の労働者数は勤労動員を含めて一三〇〇人に達していた。

いっぽう日立製作所柏工場は、昭和一五年七月に約二四万坪の土地を買収、一八年一月に亀有工場から機材・従業員を移転し、三月から操業が始まった。戦後のGHQの文書には、昭和一七年に造られ、航空機用のディーゼルエンジンおよびガソリンエンジン用の燃料噴射ポンプとノズルを製作し、建物は一八棟あったと記されている（その中には海軍機彗星や陸軍機呑龍のものもあった）。ピーク時には三六二九人が働

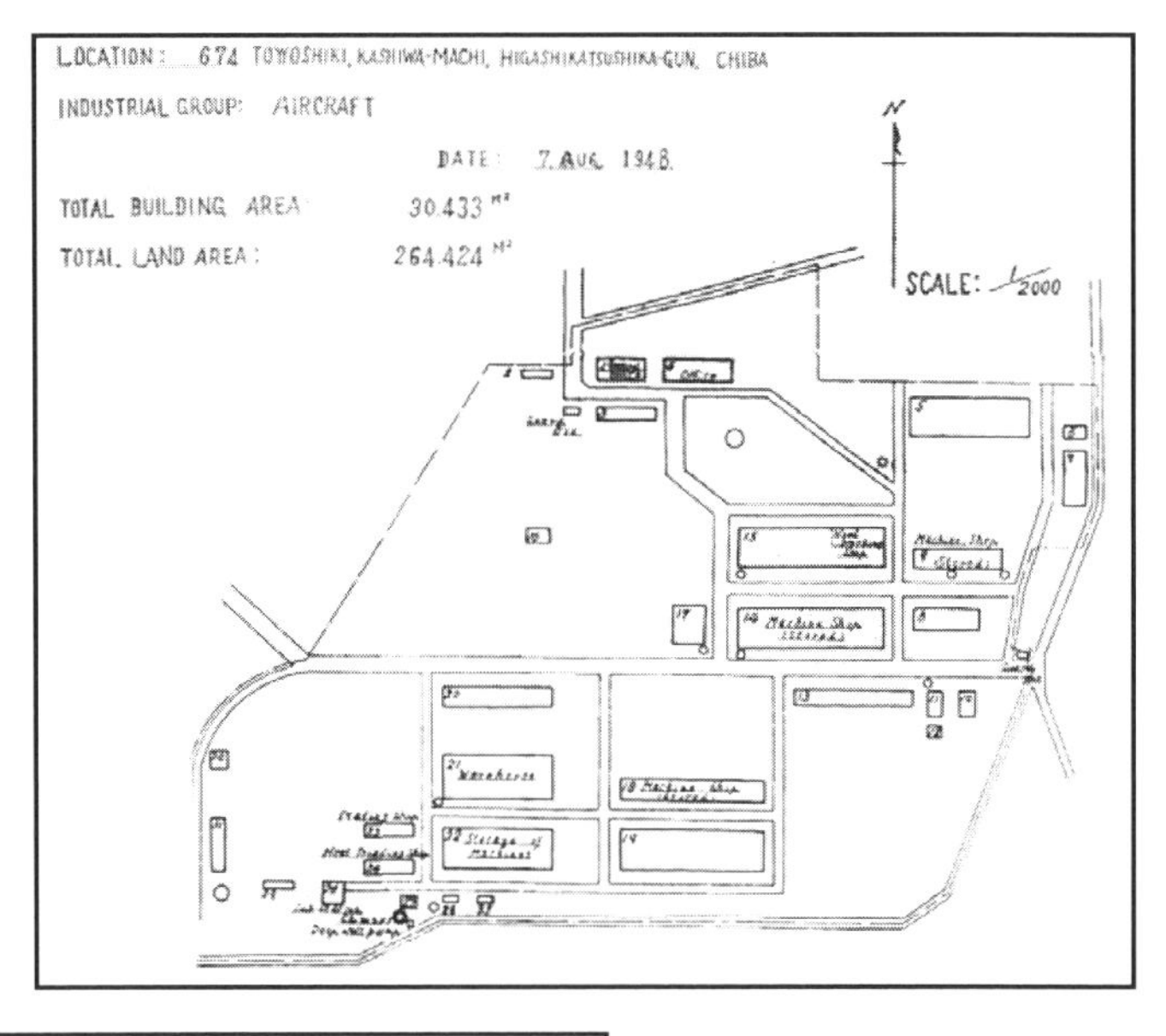

米軍が作成した日立柏工場配置図（表示の位置を修正してある）

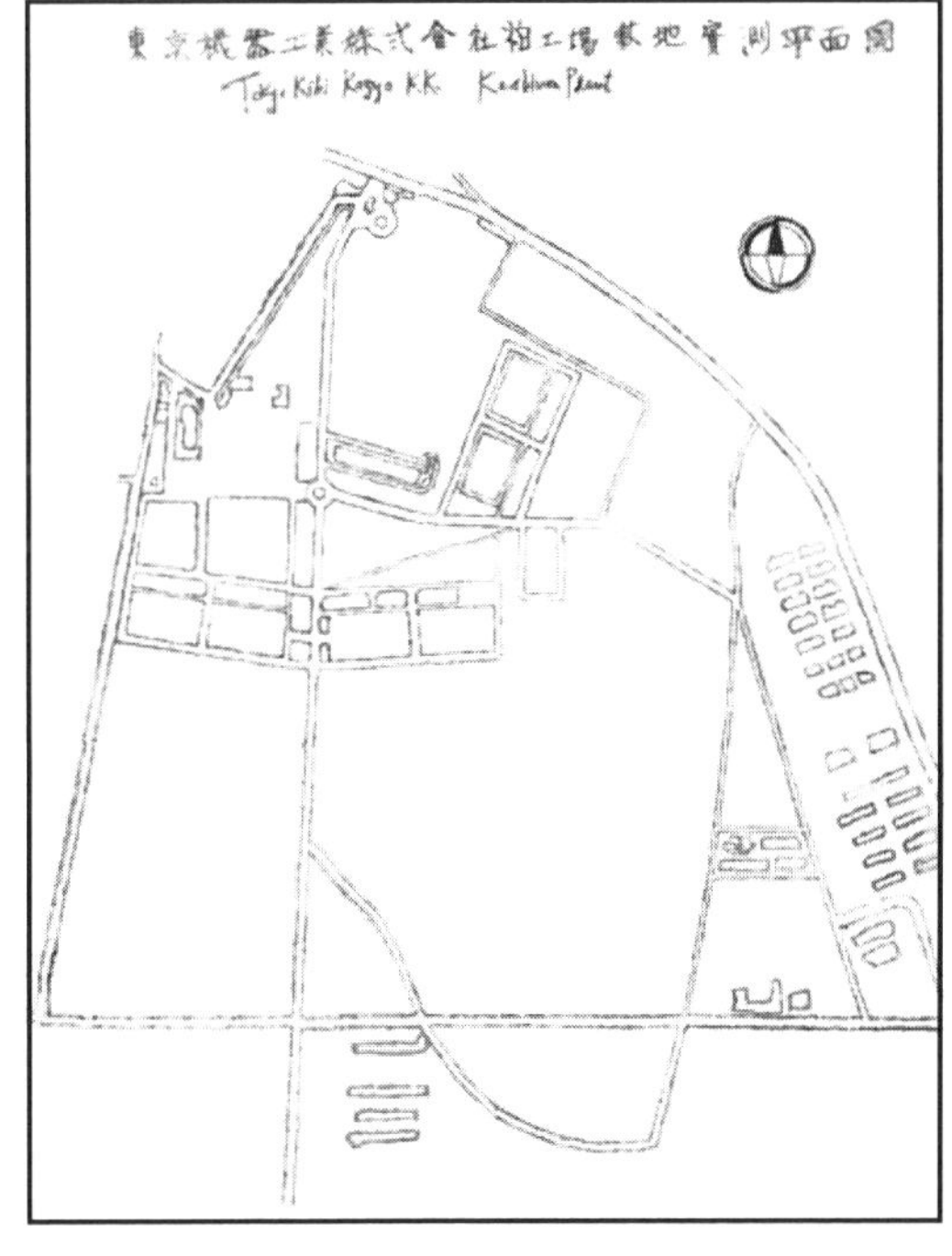

東京機器工業柏工場配置図

いており、その中には多くの勤労動員された学生・生徒が含まれていた。市域からは東葛飾中学校や東亜外事専門学校生が、近隣からは松戸高等女学校や野田農工学校のほか、遠くは桐生や銚子の学校からも動員されていた。戦争末期には、地下工場が造られるいっぽうで、食糧不足の中、敷地内に農場を設けて米をはじめとして、サツマイモやジャガイモを作っていたという。工場のそばの豊住（現在の五丁目付近）には照空分隊の基地があった。

昭和二〇年一月から、この工場に勤労動員された東葛飾中学校（現、東葛飾高校）二・三年生（八月に一五歳）であった小熊宗克は、初出勤当時の情況について、「ここは、陸海軍の主力戦闘機の発動機を製造している新鋭工場だが、従業員三〇〇〇人のうち、動員学生が二〇〇〇人もいる」こと、柴田工場長が「われわれはいっさいの障害を排除して、飛行機の増産に邁進しなければならない。飛行機の増産さえできれば、わが軍は、たちまち戦局を挽回、鬼畜米英を撃滅できる。きみたちも一日も早く熟練工になるよう努力して、りっぱな産業戦士になってもらいたい」と挨拶したことを日記に記している。当時の工場の大半は、手賀沼に向かって傾斜している松林の中にある半地下工場で、屋根に黒白の迷彩が施されていた。地下工場は、とても暑く、みんな上半身裸で作業した。空気が悪く、潤滑油やガソリンの匂いがまじり、鉄粉が舞い、二時間も機械にくっついていると、頭が痛くなったり、神経がもうろうとするので、交代で外の空気を吸いに出なければならないことを聞いたと書いている。

この他、市内および近辺の軍事工場としては日本光学工業や日立精機の工場もあった。前者は昭和一八年に豊四季の柏競馬場を買収して建設され、日立精機は我孫子にあった。

日立製作所・東京機器工場敷地はとても広かった。日立の工場敷地の西端は東武線まで広がり、東北は柏第三小学校の先までである。柏市立第三小学校の創立は昭和二三年四月で、日立製作所柏工場の付属青年学校舎と敷地を買収し、新たに校舎一棟（七教室、宿直室、使丁室）を建築し開校したものであり、前掲の工場配置図では、scale という字が書かれている部分にあたる。南端は台地の縁まで、さらにその東側の現在のサッカー場の部分までが敷地であった。緑ヶ丘、常盤台、日立台、ひばりが丘などが、ほぼすっぽり工場敷地内に含まれる。東京機器の敷地の範囲はわからないが、図の中心部は千代田町付近である。こちらもずいぶん広範囲を占めていたということが実感できよう。

終戦後、東京機器の工場は閉鎖され、昭和二三年一二月に建物全部と寄宿舎の一部、および約一六万六〇〇〇平方メートルの土地が日本建材株式会社に売却され、日立の地下工場は終戦直後の八月二七日に爆破され、残った工場では民需品の製造をはじめたが、同年一二月に操業が中止され、亀有工場に統合されることになった。その敷地の一部は日立の社宅となり、サッカー場として現在に引き継がれている。『近郊都市』という柏の住宅開発の歴史を追った本は、柏の不動産会社社長の話を掲載している。それによれば、柏市域の宅地化は、①東京機器が売却した土地が、さらに電電公社に売却され、昭和二七年から翌年にかけて宅地造成された千代田町五万坪の分譲に始まり、続いて②日立製作所の二五万坪が、第一次農地改革によって地主に戻され、四万坪が国家公務員共済会により分譲地化（非現業住宅）されたのが緑ヶ丘となり（昭和二七年）、二万坪が東急不動産により分譲地化されたのが常盤台となり、さらに③荒工山団地、④団地周辺の東町・大塚町地域、⑤光ヶ丘団地、⑥豊四季団地、⑦松ヶ崎、十余二の京成、殖産住宅、⑧緑ヶ丘周辺のひばりが丘、常盤台の順で開発が進んだという。東京機器敷地の千代田町あたりに電電公社住宅、日立敷地の緑ヶ丘に非現業住宅地、ひばりが丘に東急不動産住宅地、日立台に日立社宅が造成され、両工場の跡地が都市計画に組み込まれて宅地化されていったことを示している。

【参考文献】

RG331 Chiba Tokyo Kiki Kogyo 1945-1950（ESS（G）00535）
RG331Hitachi Seisakusho K.K. Kashiwa Works（Aircraft）-Code Number 04-4,1747-48（CPC12244-47）
柏三小創立三十周年記念誌編纂委員会編『柏三小創立三十周年記念誌』柏三小創立三十周年記念運営委員会、昭和五三年
鈴木均『近郊都市』日経新書、昭和四八年

9．兵舎に利用された学校施設

櫻井　良樹

兵営と学校は、昔からよく転用されてきた。それは両者とも、多くの若者を錬成・教育する場という共通の性格を持っているからであろう。柏市域においても、その転用が見られる。現在の千葉県立東葛飾高校と現在の麗澤大学・麗澤中学高等学校が、その場であった。東葛飾高校（当時は東葛飾中学校）には昭和一九（一九四四）年一〇月から陸軍の歩兵部隊が進駐し、講堂・武道場・武器庫・工作教室・博物教室・図書館および第三校舎・第四校舎を使用して補充兵の教育が行われた。東亜外事専門学校（現在の麗澤大学）には戦争末期に陸軍の二つの部隊（第九三師団司令部と陸軍糧秣本廠教育部）が駐屯している。このうち東亜外事専門学校について詳しく記述しよう。

まず第九三師団司令部から。太平洋戦争末期、大本営はアメリカ軍主力の日本本土上陸地点を、関東地方においては九十九里浜と相模湾と予測し、それに備えるために利根川中流に機動性をもった陸上部隊を

置き、米軍の動向を見て判定し対応するとして第一総軍第一二方面軍の隷下に第三六軍（本部は六月まで千葉、七月から浦和）と第五一・五二・五三軍を置いた。第三六軍は国内最強の部隊で、第八一師団と第九三師団の精鋭部隊から構成されていた。※ このうち第九三師団（通称は決部隊）は金沢・富山両県から徴兵された兵員を中心に昭和一九年七月に金沢で編成されたもので、翌年春頃から千葉県北西部に重点的に駐屯した。中心となる歩兵二〇一・二〇三・二〇四の各連隊は、佐倉や四街道・成田に置かれたが、東葛飾郡小金町の周辺にも、いくつかの部隊が駐屯している。たとえば小金町国民学校に師団の通信隊（決六六七〇部隊）と兵器勤務隊（決六六七八部隊）が、本土寺には病馬廠（決六六七九部隊）、大孝塾※※には第四野戦病院（決六六七六部隊）が置かれ、馬橋には輜重兵第九三連隊（決六六七一部隊）が置かれた。そしてその師団司令部（決六六六一部隊）が置かれたのが、現在の柏市光ヶ丘にあった東亜外事専門学校内であった。※※※

　当時の住所は小金町字下り松と言った。ちなみに光ヶ丘と変更されたのは、東葛市から小金町が分離し柏市が誕生したときに、ここの部分だけが柏市に残り、新たに光ヶ丘という住所名が付けられたからであった。光ヶ丘団地ができたからでも、昭和三〇年代から新興住宅地に〇〇ヶ丘という地名が続々と付けられたのを真似たわけではない。柏市が誕生した時には、麗澤短期大学と麗澤高等学校のほかは一面の雑木林であった。

　話を戦前に戻して東亜外事専門学校は、昭和一〇年同地に開塾された道徳科学専攻塾が、一九四二年に三年制の専門学校に発展（東亜専門学校）したもので、昭和一九年一月に東亜外事専門学校と改称されていた。南洋科と支那科を持つ外国語の専門学校であり、教室六棟のほか、全寮制のために寄宿舎一六棟と生活に必要な食堂や浴場を備えていた（図参照）。昭和一七年四月の入学者は二三二人、翌年四月の入学

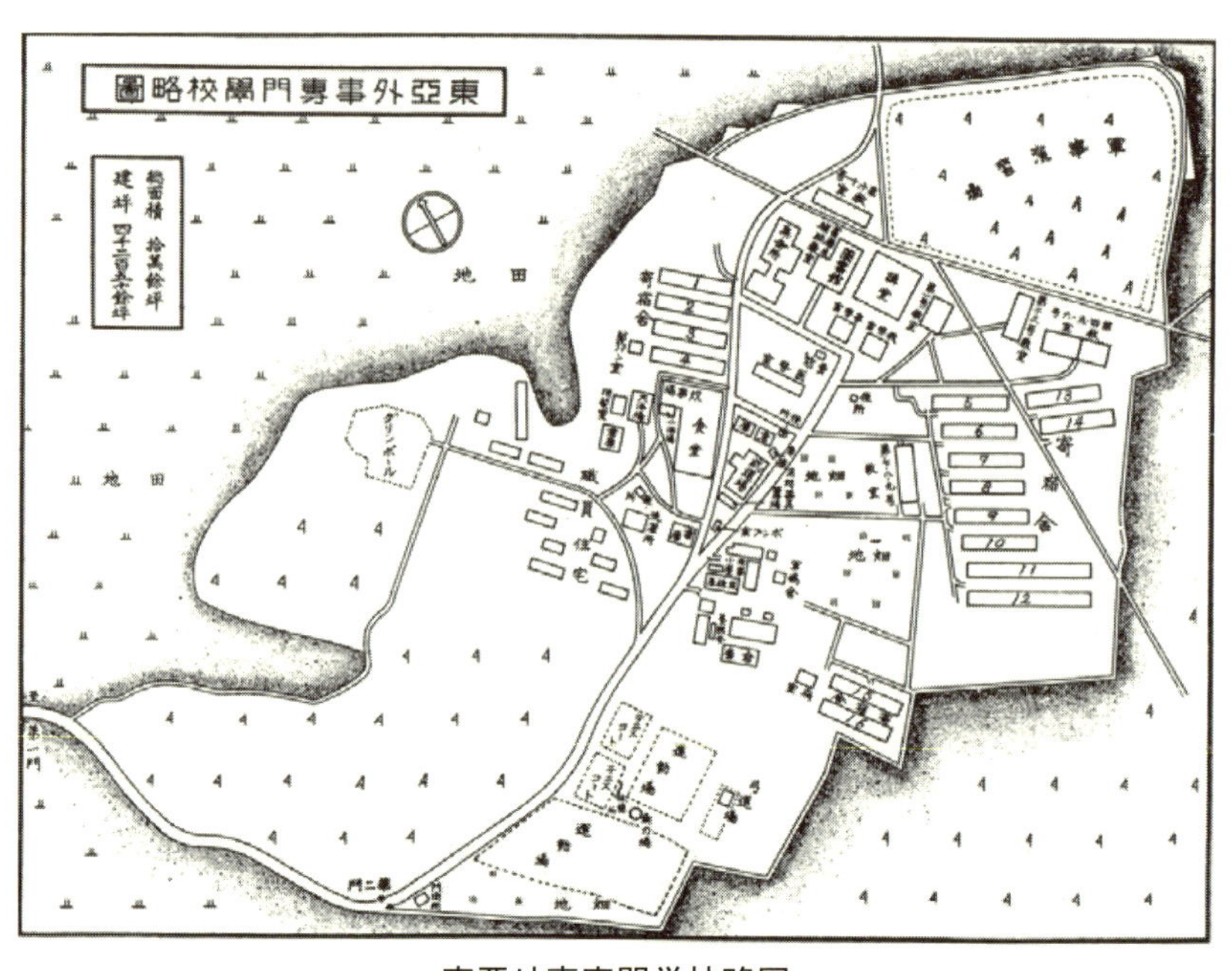

東亜外事専門学校略図

者は二六二人であった。しかし戦火が激しくなるなかで、十分な教育が行えなくなる。一八年七月からは日本通運亀有支店への勤労動員が始まり、九月には校内に防空壕が造られている。徴兵猶予特権が廃止され、一〇月二一日に行われた学徒出陣壮行会には、出陣者八八人のほかに一五〇人が参加した。一一月一五日に入営した学生は第二学年一一五人、第一学年三六人であった。残された一年生一六二人、二年生九五人の合わせて二五七人は、勤労動員にかり出されることになる。それは通いでの柏の日立製作所や、泊まりがけでの川崎の日本鋼管・住友通信・昭和電線などへの動員であった。

　学徒出陣や泊まりがけの勤労動員によって空いた寄宿舎に目をつけたのが、陸軍糧秣本廠教育部であった。昭和一九年八月に教室・寄宿舎などの使用契約がなされ、部隊が駐屯することになる。糧秣本廠は、第一・第二・第三教室と寄宿舎九〜一四号、食堂半分、パン焼場、理髪室、浴場を利用することとなった。主な任務は、教育隊であるから、栄養士の養成と兵員用の食糧増産であったらしい。隣地の雑木林（その後、光ヶ丘団地となったところ）で豚や牛を飼育し、また畑作が行われた。そして下級生は糧秣廠に勤労動員されるようになった。専門学校生たちの動員は同じ学校敷地内のことであるから、部分的には授業が行われるという、全国的に見て珍しい現象を生じさせた。さらに昭和二〇年五月からは長野県軽井沢の糧秣廠への動員が始まり、終戦時には、一年生は主に園内の糧秣廠、二年生の半数が軽井沢の糧秣廠、半数は日立製作所の地下工場の建設作業に動員されている。

第九三師団司令部が、学校内に駐屯してきたのは、同年四月二八日のことであった。これも軽井沢への動員が始まり、さらに学生が減少したことと関係しているように思われる。もしかしたら駐屯が決定したために、学生（二年生が中心だった）が軽井沢に移されたような感もある。司令部として利用された建物は貴賓館（前頁の図には書かれていない）であり、四〇〇人余りの兵員が第一・第二・第三教室、武道場、事務所、寄宿舎三号・四号舎などを使用して職務にあたった。園内の各所に防空壕があり、さらに現在のゴルフ場には、馬か戦車用の掩体壕が作られていたという話もある。この部隊のことか糧秣本廠についてか混乱が見られるが、食糧難の時代であったので、食堂を一緒に使っていたため、食品を融通しあったとか、兵隊用の食糧をくすねて見つかって学生が怒られたとか、共同浴場の使用順でもめたとかという回想が残っている。ただ司令部の具体的な姿に関しては教職員や学生たちの回顧は何も残っていない。もちろん秘密であったろう。

※終戦時、第一二方面軍の配下にあった第五一・五二・五三軍の編成は四月六日ないし七日以後、第三六軍の隷下にあった第二〇一・二〇二・二〇九・二一四の各師団の編成は四月三〇日以後のことであり、特に第五二軍は九十九里浜方面に展開したが、ここでは省く。なお第八一師団は宇都宮で編成。

※※大孝塾……田嶋昌治『地域の歴史発見』（崙書房、平成一八年）によると、小金町久保平賀にあった修練道場、司法次官皆川治広によって共産党員の転向教育のために一九三四年に設けられた、敷地面積は約一万二三〇〇平方メートル。やがて修養団の影響が強くなり、昭和一一年に日比谷の市政会館内にあった財団法人昭徳会の昭徳塾道場、ついで昭和一六年に東京市の大孝道場に引き継がれた東京市教職員を中心とする錬成道場となる。

※※※なお「第三六軍編制人員表（内地　東部）」（アジア歴史資料センター、Ref.C12121014800）によれば、第九三師団は、師団司令部（決六六六一部隊）、歩兵二〇二連隊（決六六六三部隊、終戦時佐倉）、歩兵二〇三連隊（決六六六四部隊、終戦時四街道）、歩兵二〇四連隊（決六六六五部隊、終戦時成田）、騎兵九三連隊（決六六六六部隊）、速射砲隊（決六六六七部隊）、山砲九三連隊（決六六六八部隊、船橋市内国民学校）、工兵九三連隊（決六六六九部隊、印旛郡）、通信隊（決六六七〇部隊）、輜重兵九三連隊（決六六七一部隊）、衛生隊（決六六七二部隊）、野戦病院（決六六七三部隊）、第四野戦病院（決六六七六部隊）などから構成されていた。

【参考文献】

「松戸市における戦災の状況（千葉県）」（総務省一般戦災ホームページ　http://www.soumu.go.jp/main_sosiki/daijinkanbou/sensai/situation/state/kanto_10.html）

『大勝山』（同文集編集委員会、昭和五〇年）

『廣池学園五十年史』（廣池学園、平成四年）

アジア歴史資料センターで公開の以下の史料「大本営本土決戦準備」（Ref.C12120129800）、「日本陸軍各司令部の移動及大本営直轄司令部ノ管轄地域ニ関スル概見表（昭和一六年一月～昭和二〇年八月）」（Ref.C12121391700）、「旧陸軍作戦軍編合概見表　昭和二〇年」（Ref.C12121148400）、「終戦時に於ける全軍主要兵力作戦地域」（Ref.C12121177400）

10．飛行場建設用軽便鉄道

浦久　淳子

柏飛行場は昭和一三（一九三八）年一月に起工式が行われ、同年一一月頃に完成した。飛行場と野田線運河駅間の鉄道は、計画だけで敷設されなかったと言われてきたが、飛行場建設の際に、軽便鉄道が走っていたことがわかった。

その計画については、柏市史編さん委員会編『柏のむかし』の「まぼろしの鉄道二　軍用鉄道」の項に、「（略）兵器、物資の輸送のため運河駅と飛行場との間に鉄道敷設を考えた。昭和一七年五月二九日に『十余二軍部鉄道敷地に関する協議会』が田中村役場で開催され、すぐ測量を始め工事に着手したが、完成しなかった」と記載されている。

田中村での協議会の資料はなくなっていたが、西原在住で昭和一〇年生まれの男性は、同じ飛行場―運河駅間で小さな蒸気機関車が走っていたことを記憶していた。調べると、江戸川台東自治会の記念誌『水道塔があった街～住宅団地江戸川台の30年』の「戦争中の江戸川台付近略図」に「軍用線路跡」という線が描かれ、流山わがまち社発行『流山わがまち』八月号の座談会記録にも記述があった。そこでは、飛行場建設の資材を運ぶための運河駅―飛行場間の「汽車道」は、江戸川台東の三、四丁目あたりを通り、千葉の鉄道連隊が民家に分宿しながら敷設したことが語られていた。

西原在住の男性は「小さな弁慶号で、スピードは人間が走るくらいの速さ。山林の中を通っていたため、火の粉が飛んで山火事になることがあった。現在のすみれ幼稚園近くのホンダバヤシと呼ばれていたあた

昭和22年10月の空中写真（国土地理院）。写真左側縦に走る野田線からわかれ、西誘導路と重なる道筋が軽便鉄道ルートと一致する。

りで火事になったときは、西原付近の人たちが箒を持って火消しに行った」と当時の様子を話した。また、線路跡の一部が西誘導路として利用されたという。

線路が通っていた場所について、聞き取り調査を行った。流山市東深井在住の男性二人（昭和七年生まれ、昭和九年生まれ）が「当時野田線は単線で、飛行場への線路は野田線線路のすぐ脇、複線のような形状で敷かれていた。運河駅から現在の江戸川台四丁目付近まで走り、そこから東へ曲がり、飛行場まで続いていた」と証言した。どこを通っていたか、また線路跡の一部が西誘導路として利用されたことは、いずれも当時の子供たちの記憶ではあるが、昭和二二年の空中写真の中の道筋と一致する。

【参考文献】
『柏のむかし』柏市史編さん委員会編、昭和五一年
『水道塔があった街～住宅団地江戸川台の30年』江戸川台東自治会、平成四年
『流山わがまち』八月号、流山わがまち社、平成元年

第五章　人々の語る戦争と柏

飛行場建設工事に従事

鏑木　勉氏（大正八年生まれ）

飛行場開設

生まれたのも育ったのも、現在の場所です（柏分廠の近く）。うちの家はずっと酒屋で、一二〇年ぐらいやっています。飛行場ができる前、付近はほとんど松山でこの辺りは少数の民家があるだけの村でした。うちの屋号は「八幡前」。その八幡様は、今は少し離れた場所ですが、当時はうちの家の裏手にありました。他の家は移転させられましたが、「うちだけ移転しなくてすんだのは、軍が八幡様を除けたからではないか」と皆でよく話したものです。

今の県道守谷流山線はもともと道としてはありましたが、馬車がやっと一台通るぐらいの道。砂利など一粒もなく、両側からクヌギやナラが覆いかぶさる、ひどい道でした。道が広く、よくなったのは戦争の時です。

住んでいる場所のすぐ近くに飛行場ができましたが、私たちにとっての始まりは昭和一二年頃です。うちの家とすぐ横の土地との境に「杭を打たしてくれ」と、参謀本部から五〇歳ぐらいの測量士が一人でやってきた時でした。御影石の杭で、あとで考えればそこが飛行場予定地の敷地の角の一つ。次の日、その測量士がまたやってきて、今度は「二、三日後に総勢でくるから、この辺に人夫はいないか」と言うのです。それで私と隣のおやじさんが測量の手伝いをしました。測量の手伝いは全部やりました。

そして、測量の後は人夫が募集されました。私は昭和一二年頃に測量の手伝いをして、一三年の一年間ぐらいは人夫をして、一四年一月に戦争に行きました。人夫はトロッコ押しとか、コンクリを練るとか、いろいろありました。トロッコは三つ四つ繋がっていて、そのトロッコを二人がかりで後ろからダッと押す。高い所の土を低い所に持っていって平らにするなど、ダンプなどないですから、人力でやります。土方は重労働で、私は経験もないので、五、六日でやめて、コンクリを練る方、石工の方にいきました。このコンクリの作業では、給水塔、弾薬庫や医務室の基礎を造る仕事をしました。給水塔はもうありませんが、五〇〇石入ると言われた、大きなものでした。飛行場を造るために、今でいうゼネコンのような会社がやっていましたが、とび、土方、大工など、大勢の人が働いていました。

完成まではありませんが、弾薬庫のコンクリの仕事をしました。今も残っている戦隊の弾薬庫です（口絵写真8）。ミキサーはありませんから、スコップや木切れでコンクリを練る、きつい作業でした。縦三尺、横六尺の木のパネル専門の大工がいて、毎日作っていました。そのパネルを二つ向かい合わせ、間に練ったコンクリを流し込みます。高い壁はパネルを縦に重ねていき、人夫がコンクリ入りのバケツを紐で上から引きあげて、流し込みました。

格納庫の作業はしませんでしたが、一棟建てるところは見ました。その作業が面白くて。（ビョウ用に）穴をあけた鉄骨をまず組み立て、下でビョウをコークスで真っ赤になるまで焼く。そしてそのビョウをポーンと上へ投げ、上で猪口（ちょこ）のような形の道具を持った人が受け取ります。次にそのビョウを、箸のようなものではさんで鉄骨の穴に通し、バイブレーターのようなものでバリバリと押して接合していました。飛行場の滑走路、分廠のことは、記憶にありませんね。

戦中・戦後

私は昭和一四年一月に戦地へ行きましたが、家内や周囲のものから、現在の県道守谷流山線を兵隊が飛行機を押して行ったり来たりしたことを聞きました。飛行機の羽があるから、道路の片側一〇メートル、両側で二〇メートル、木を切らされたようです。兵隊たちは飛行場内から飛行機を運び出して隠していたということです。私は二七師団で、中国の河北省天真の近く、万里の頂上あたりで警備をしていました。帰ってきたのは、昭和二一年一月。

うちの店は飛行場のすぐそばでガム、煎餅、酒、たばこを売っていましたので、アメリカ軍関係者がよく利用していました。毎朝、朝霞の駐屯地から将校がここまでジープで来ていました。歌手になる前のフランク永井が運転手でやってきたこともあり、ガムなど買ってくれました。

格納庫は全部で五棟ありました。最後まで残っていたのは分廠の格納庫。戦後しばらくは米兵が二〇～三〇人いたと思います。お酒の好きな兵隊がいて、自分の住んでいる所を見せたかったんでしょう。ある日、「来いよ」というふうに手を引っ張るので、一度格納庫に行ったことがあります。格納庫の真ん中は通路で、カーテンで三つか四つに仕切られていました。レストランやピンポン台があり、その兵隊はレストランに連れていって、飲食を勧めてくれました。

（平成二四年二月一八日／四月一八日、聞き取り：浦久）

柏分廠に動員された中学生

川本勝彦氏（昭和五年生まれ）

勤労動員

富勢村布施で生まれ育ち、昭和一七（一九四二）年に千葉県立東葛飾中学校に入学、一九年四月から三年生になりました。一学期は農家の農繁期作業の手伝いや、印旛乗員養成所や田中村の飛行場（以下、柏飛行場）での土木作業など、いろいろな所へ動員されました。最初の頃は週に一日、木曜日が勤労奉仕の日でしたが、徐々に増え、一〇月からは通年動員。一学年四クラスのうち、一〜三組は東京機器柏工場、我々四組は航空分廠、正式には陸軍航空廠立川支廠柏分廠へ行くことになりました。

航空分廠は飛行機を整備する場所です。柏分廠と陸軍飛行場は、正門は別々でそれぞれ衛兵がいましたが、中へ入ると分廠の大きな整備工場は飛行場に面しており、地続きに飛行機の格納庫が建っていて、内部はつながっていました。柏飛行場は帝都防衛のための陸軍の戦闘機中心の飛行場で、戦闘機は北の方向（野田方面）へ向かって飛び立ちました。

一〇月二日が分廠の入所式でした。最初は一日中、エンジンの構造や機体についての座学でしたが、一日には五人ずつに分けられ、現場の工員の作業班に配属されました。我々の一班はそのとき試運転室でしたが、すぐに一緒に作業をさせられました。その後は座学と実習を交ぜながら、工員の傍に配置されて作業しながら覚えるという状況でした。ずっと後になりますが、学徒五人だけの班で、一つのエンジンを責任を持って仕上げるということもできるようになりました。

通年動員になった当初、学校の方は週一日ぐらいの登校日がありましたが、それも徐々になくなっていきました。

分廠での作業

我々がやったのは、戦闘機のエンジンのオーバーホール。飛行機から取り外したエンジンの「分解」「洗浄」「使えない部分の交換」「組み立て」「試運転」「機体への取り付け」といった一連の作業です。陸軍の戦闘機隊の単位を「戦隊」と呼んでいましたが、当時柏飛行場には二つの戦隊が駐留。我々は第一戦隊のエンジンを手がけました。他に水冷のエンジンの六四戦隊が来ていました。

第一戦隊の機種は、今は「疾風」という呼び方をされるそうですが、当時は「キの84」と呼んでいました。一人乗りの戦闘機で、エンジンは空冷、並列二四気筒、二〇〇〇馬力という大きなものでした。プロペラは四枚、その間から機関砲が二門、翼にも二門で計四門。操縦桿（かん）の頭部に蓋があり、それを親指で弾いて開けると赤い発射ボタンがあり、同時に空中に電気の照準が出るので狙いは正確。当時の第一級の戦闘機で、B29をかなり墜（お）としました。

そのキの84のエンジンが我々の担当でした。二四気筒ですからとても大きく、まず自動車で機体から吊り下ろし、分廠まで運び、そこで台車に乗せ、工場の中へ運びこみました。工場内では分解台に乗せて分解し、部品を作業台に並べ、オイルの中でワイヤブラシで磨きます。冬は零度以下になるオイルに手を突っ込んで行う作業だったので辛く、ゴム手袋もないので、皆手はひびだらけでした。それが終わると各部品をガソリンできれいにして、また並べます。技術将校などがチェックし、ピストンリングが焼きついていたりすると、「新品と交換」という指示があるのでその作業をし、今度は組み立て、それから試運転室

東葛飾中学校の滑空班（『歴史アルバム』）

へ運びます。

試運転は、まずエンジンを試運転台に取り付ける。必要なパイプを全部連結し、プロペラを取り付け、班員五人は狭い試運転室に入って始動させる。そうして、試運転室の小さな窓からエンジンの様子を見ながら、回転数をあげていきます。操縦席と同じように計器が配列されていて、回転数に応じて針の動きを読みとっていきます。一分間に五〇〇回転、計器正常よし、一〇〇〇よし、一五〇〇よし、二〇〇〇。すさまじい轟音です。時に途中でいずれかの針がカタンと落ちてしまうことがある。油圧系統であったり、滑圧であったり。さあ、そうなったらもう一度、分解して原因を確かめ組み直します。二〇〇〇回転ですべての計器が正常なら、専門の担当を呼んでチェックを受け、合格したら機体に取り付けます。

エンジンを自動車で吊るのは工員ですが、機体への取付作業は我々でやりました。翼を傷つけないようなシートをかけて作業、交代で操縦席へ入って地上でエンジンをまわしてチェックします。パイロットが待っていて、すぐ飛び立つこともありました。

昭和二〇年二月には「発動機は臨時、定期にかかわらず、修理は一五日で」とされました。もっともエンジンの状態により、かかる日にちは違いましたが。昭和二〇年一月、二月、三月あたりまではこういった仕事がどんどんありました。

キの84のエンジンのオーバーホールの合間には、廃棄処分になった飛行機の部品を採集したり、掩体壕をつくったり、飛行場外の松林に飛行機の燃料を隠すために運搬する手伝いをしたりなど、いろいろな作業をしました。

空襲、特攻隊

当時の私の日記を見ると、昭和一九年一一月に「空襲警報が発令され、学徒は外の飛行機を分散させてから防空壕へ退避した」、昭和二〇年三月～四月には「焼夷弾で松ヶ崎の数軒燃える」「夜空襲があり（布施の）寺山で七軒焼ける」などの記述があります。サイパン、硫黄島と陥落し、B29が編隊を組んで飛んでくる頃はそれほどでもなかったのですが、航空母艦が近海で遊弋（ゆうよく）するようになったら、小型の艦載機―P51などがどんどん来て、柏飛行場も狙われました。低空で飛んできて、パイロットの顔まで見えます。機銃掃射をかなり受けました。

空襲になったら、掩体壕へ飛行機を押して入れます。掩体壕は飛行場からあまり離れていない所にあちこちありました。土手で周りを囲っていますが、上部は開いているので、機銃掃射になると意味がありません。周りに爆弾が落ちた場合に破片の直撃をうけないためのものです。ある時、私は工具の当番になり、掩体壕にそれらを運び、空襲の間逃げずにずっと見張りをしていたことがありました。学徒ながら、責任を果たさなくてはと思ったのでしょう。

空襲があると、戦闘機温存のため離陸して退避させることもあったようです。空襲が一段落したあと、帰ってきたパイロットに聞くと、「日本海の方へ逃げていた」と言っていました。

特攻隊に関しては、昭和一九年一一月に「今後B29来襲の時は七〇戦隊が武装解除した二式戦闘機で体当りを敢行することになった」と講話があったことを日記に書いています。また、出撃前に特攻隊が所持金全部を出してつくってくれた日の丸の手ぬぐい、神風の手ぬぐいをもらい、それを鉢巻きにしたこともあります。キの84も体当り用のものは、翼の機関砲を取り外しました。機体のその部分の補修の布張作業もしました。

分廠での生活

仕事は忙しく、冷たいオイルの中で部品を洗う仕事は辛いものでしたが、そういうなかでも楽しかったのは、隣の戦隊の方へ新しい戦闘機を見に行く時でした。エンジンが完成した後など、少し時間が空くことがありました。格納庫には戦闘機がズラリと並び、B29を墜とした飛行機の胴体にはその数だけマークが描かれていました。我々がオーバーホールしたエンジンをつけて飛ぶのですから、パイロットを仲間のように感じ、向こうもそういうふうに接してくれました。「これからどこへ行くの」と聞くと、「太刀洗（北九州）」とか「明野（三重県）」とか、そんな話もしてくれました。

私は布施に住んでいたので、柏飛行場まで主に自転車で通っていました。新品なんかありませんから、自転車はすぐパンクします。仕方がないので押して歩いたり、しょっちゅう修理したり。野田の作業場に移ってからは、我孫子まで出て柏まで常磐線、そこで乗り換えて野田まで東武線で行きました。東武線は乗り心地など比較的よかったのですが、当時の運転手は二〇歳前、一〇代の女性たちでした。

また動員中は、賞与や報奨金、一カ月五円ぐらいの手当がありました。終戦後の九月二四日には先生から退廠手当も渡されています。

野田の座生荘、終戦

昭和二〇年五月には空襲が激しくなり、我々学徒だけ、作業場を清水公園の座生荘（ざおうそう）に移しましたが、六月頃は部品がもう不足して作業停滞の日が続きました。仕事のないときは座生荘前の松の疎林に、一人用のタコ壺防空壕を掘らされたりしました。その林の中で予科練へ入隊する級友の壮行会も行いました。

そして八月一五日。重大放送があるから聞くようにという指示があり、その日は自宅にいました。玉音放送を聞き、翌日には皆、座生荘へ集まりました。「クラスメートの一人が憤激に満ちた演説をやった。自分も『日本の将来と我等の覚悟』を述べ、すぐ帰ってきた」と日記に書いています。九月頃からぼつぼつ学校へ行き始めましたが、九月一二日に柏飛行場へ二クラスで勤労奉仕に出かけ、林から99軽双や司偵などを引き出す作業をしています。勤労奉仕がいつまであったか、よく覚えてはいませんが、日記の中ではそれが最後です。

また、九月一八日には「柏憲兵分隊の附近でジープを運転してきた米兵に逢う」、一二月五日には「登下校時のゲートル着用が随意になる」、同月二七日には「各学校の御真影をやめることになる」とあります。

我々の学年は中学四年で卒業してもよいし、五年で卒業してもよいということになりました。半数ぐらいの級友が四年で卒業していきましたが、私は五年までいき、昭和二二年三月に卒業しました。東葛飾中学校の第一九回卒業生の名簿に「その一」「その二」の区別があるのはそのためです。

（平成二四年七月一日、聞き取り：浦久他三名）

✈第四航空教育隊の思い出

荒井政春氏（大正一三年生まれ）

航空教育隊入隊

出身は埼玉県児玉郡（当時）、家は農家でした。宇都宮高等農林学校（現在の宇都宮大学）に入学し、昭和一九年四月に二年生になってからは学徒出陣する同級生も現れ、私は「農兵隊」の幹部として学校から派遣されて群馬県に行きました。農兵隊とは農業をしながら兵隊の訓練もさせる、農家の長男で編成された組織。その若者たちと寝食を共にしている一九年一二月の或る日、「一月一日に千葉県柏の東部一〇二部隊に入営せよ、という召集礼状がきた」と祖父からハガキが届きました。一二月三〇日に自宅で宴会、三一日には村で用意してくれた馬にまたがり、「万歳」の声に送られて本庄駅に向かい、その日は深谷の親戚の家に泊まりました。

翌日の昭和二〇年一月一日、朝六時に起きて、叔父に連れられ出発しました。大宮駅から野田線に乗り換えて豊四季駅で降り、広い道を一〇分程度歩くと、「東部一〇二部隊」という門札が掲げられた第四航空教育隊に着きました。

入営者はほとんど学生あがりで、他には飛行機メーカーの職人などがいました。高等工業を出た同期生は、陸軍技術部幹部候補生として飛行機の整備の方へいきましたが、私は農業経済専攻だったため、飛行場に関係する警備や掃除などの方へまわされました。飛行機の講義は一応受け、スパナを使った勉強などは少ししましたが、飛行機自体のことはあまりやりませんでした。班員は五五～五六人。格納庫には、教育用に古い型の飛行機が二機ぐらいあっただけです。

初年兵の生活は厳しいものでした。食べ物が非常に少なく、一日中、厳しい訓練が続きました。入営した日の昼食と夕食は赤飯、焼き魚というごちそうでしたが、翌日からは少量の高粱（こうりゃん）米と茹でたホウレン草一本、それが三食。私は毎週のように父が差し入れを持って面会に来てくれましたが、やはりひもじく、班長や古参兵の飯盒に付着している飯粒を食べたりもしました。風呂は班長に連れられて、一週間に一回ぐらいでした。ただ、竹刀を持っている見張りがいて、湯船に飛び込んだらすぐ出なくてはならず、洗濯も断水のため二カ月に一回程度。石鹸もありませんから、虱（しらみ）がいっぱいでした。

梅林第四公園に移転された第四航空教育隊の正門

また、この時代はどこも同じでしごきがひどく、すぐにビンタをされる生活。「三歩以上は歩いてはいけない、三歩以上は必ず駆け足」という日常で、朝六時頃、起床ラッパで兵舎の前に班全員が集まります。集合が早い者から整列しますが、最後の五人ぐらいは「遅い」と言われ、必ずビンタをされます。それだけでなく、何かにつけて顔が腫れあがるぐらい殴られて……、体の弱い人は本当に大変だったと思います。

厳しい生活に耐えきれず逃亡する人もいましたが、憲兵が探しに行き、重罰が科せられました。私は入営する前に兵隊の訓練の経験が少しあり、幹部候補生に合格したからまだよかったのですが、それでも教育隊の日々は本当に辛いものでした。

東京大空襲、兵舎の移築

一月一日に二等兵で入営し、二カ月後ぐらいに幹部候補生の試験に合格、三月九日には初めて衛兵を務めました。衛兵は部隊を一昼夜守る大切な仕事で、週番士官、週番下士官、兵一〇人で編成され、完全武装で実弾も携帯します。そのときは、昼食、夕食とも立派なものがたくさん出ました。

初めての衛兵勤務が終わり、翌一〇日は終日眠れるはずでしたが、東京大空襲のため部隊は厳戒態勢に入り、一睡もできませんでした。一〇二部隊の敷地内には、たこつぼがあちこちにあり、私はずっと銃を構えてその中にいました。ただ、柏へはB29は一機も飛来せず、もちろん銃を撃つこともありませんでした。東京出身者は外出を許されましたが、「家が全焼し跡形もなかった」「いくら探しても家族に会えなかった」など可哀そうでした。

それから一週間から一〇日経った頃、兵舎を壊し、徒歩一〇～一五分ぐらいの松林の中に半地下の兵舎を作る作業が始まりました。四教敷地内の兵舎に寝泊まりしては危ないからということでした。場所は初石で、立派な二階建ての兵舎をすべて壊して、瓦や材木を担いで運びました。現在、鹿児島県知覧で復元されている三角兵舎よりは貧弱ですが、同じ形です。

この半地下の兵舎には思い出があります。私は面会の受付もしましたが、受付場所は門の外。ある時、面会に来た父が私の三つ星（上等兵）を大変喜び、私も大切な公務を忘れてその松林の中の兵舎に行き、夕方までしゃべってしまいました。そのとき、公用で出ていた上等兵に「お前は脱走したのか」と言われ、初めて気づきました。公用証も外出証も持たず、軍装も整えないままなので、脱走になります。

心配する父親を帰し、兵舎近くの大きく伸びた麦畑の中に隠れ、どうしようかと考えました。四教の周囲は土手がまわり、上に鉄条網がめぐらせてあったので、あたりが真っ暗になってから、鉄条網の間を潜り抜け、何とか兵舎へ戻りました。脱走は衛兵に逮捕され、軍法会議にかけられ、重罰になります。見つからずに兵舎に着いたときは、心底ほっとしました。

鹿児島の知覧へ

四月に入った或る日、急に転属することになりました。出発前に営庭で私物検査があり、両親や友人からの手紙はすべて捨てさせられ、「戦地へ向かうのだから遺言を書け」と便箋を一枚渡されました。遺言は他人に強制されるものではなく、憲兵の検閲もあるので私は書きませんでした。

軍隊が動いたことが分からないように、夕方暗くなってから部隊を出て、柏駅に向かいました。行先は鹿児島県の知覧でした。窓も便所もない貨物列車に乗せられ、四日かかって、知覧駅に到着。皆半病人のような状態でした。そこでは、基地の警備や掩体壕を造る作業をしました。爆撃機と艦載機グラマンが連日激しい機銃掃射を浴びせてくるなか、逃げ、隠れながら、掩体壕を掘ったり、飛行機の上にカモフラージュのために置く松の木を伐採する作業を続けました。知覧では多くの戦友を失い、その戦友たちの火葬の立哨もしました。真っ暗闇の中で、何十体かの棺を背に一人で二時間の立哨は、恐ろしく辛いものでした。

特攻隊の振武隊はほとんど、柏、宇都宮、館林の飛行場から来ていました。飛行機は原隊から搭乗してきた九七戦、一式戦（隼）といった古いものや二式戦で、特攻用に軽くされ、機銃もはずされていました。隊員は少年飛行兵や陸軍特別操縦見習い士官で、知覧に一週間もいないで出撃していきました。彼らの食事は毎食、米飯、酒、航空糧食などが出ていましたが、そのうち人影がなくなり、遺品がポツンと残っているのを見ると万感迫りました。

そのあと、私は熊本県の建軍飛行場へ転属し、そこで終戦を迎えました。

（平成二四年六月七日、聞き取り：浦久他二名）

※平成二四年五月一五日の朝日新聞「Voice 声　語り継ぐ戦争」に荒井氏の投書「空襲下で行う特攻機秘匿作業」が掲載されました。その中に「千葉県柏飛行場の陸軍第四航空教育隊へ入隊した」との記述があったため、聞き取り調査の依頼の手紙を出し、協力してくださる旨、返信をいただきました。六月に三人で聞き取りをし、手記の該当部分の写真も撮影させていただきました。

平成二七年一月、原稿の掲載確認の電話をしましたが通じず、手紙も宛先不明で戻ってきました。元の勤務先でも、ＯＢの連絡先は不明とのことでした。新聞への投書や聞き取り調査を引き受けてくださった経緯に基づき、本書に掲載させていただきました。

ある日の陸軍気象部柏気象観測所

岡田康男氏（大正一三年まれ）

昭和一九年四月三日のことである。

陸軍気象部に勤務していた私は、この日の午後、友人遠藤晴一君と天気観測を担当していた。一三時の観測のため、五分前に観測塔（地上二〇メートル）に上って、周囲の地平線から頭上まで観測し、「雲量七、雲形積乱雲五、層雲二、風速四、天気晴」と記入した。飛行場の北方の筑波山の方向を眺めると、北から北西に向かって積乱雲の異様な動きが見えた。早速、観測塔より駆け降りて天気図を眺めた。春先特有の不連続線が、天気図上を日本を切断する形で、西から東へ横たわっていた。

　春と秋のように気候の変化し易い季節の天気図には、夏や冬の低気圧に現れるものと違って、強烈な不連続線があらわれることが多い。これの通過に際しては、強風や竜巻さえも生ずる場合がある。特に今日のように、午前中は天気良好にして風穏やか、午後近くから風が吹き出してくる時がこわい。この時は南風であったが、雲の状態は、まさしく異常な発達を意味していた。

　にわかに悪化し、北方に黒雲が生じているのは、不連続線の南下に違いない。農家に生まれた私は、春と秋には突風が時々現れることを思い出していた。冬型の気圧、北高南低型から、南高北低型に気流が変化するまでの一進一退の気流現象なのだ。暖流と寒流が交差する海流現象も同様である。一番危険なのはこの接点の移動である。

　天気図を見て、いち早く、危しと気付いた私は、ただちに同僚である根本英治郎氏に話した。彼は突風までは分らないが、北の方面が真黒であるから、雷雨くらいは来るだろうと言う。

　私は、観測塔で見た感じから異様なものと判断して、二階より足早に降りて所長や小谷野技手に危険を告げ、飛行場の戦隊本部に「間もなく不連続線の通過のきざしあり、待機中の飛行機のすみやかなる処置をなされたし」と電話連絡をとった。

　飛行隊本部では、整備兵を動員して、待機中の飛行機にロープを掛け、安全策を講じた。その処置が終了した頃、吹いていた南風がピタリと止んだ。

　北方の空には先ほどから数百倍の速さで真黒い雲の乱気流が龍が動くように走り廻っている。踊る黒雲の渦巻はまさに天の怪物であった。昔の人はこのような状態を見て、天に龍が棲息し、時々、動き出すのであろうと思い、画にしてきたものであろう。

風が止んだ二、三分後に、北方から冷い風が轟然と土煙りを上げて吹いてきた。風速は三〇メートル。雨は数滴しか落ちて来なかったが、塵や木の葉をすべて巻き上げ、あたりの樹木を一斉になびかせながら、風は海岸に打ち寄すうねりのように、一線となって南の方に走り去っていった。

約二時間後、関東地方を走り去ったこの時の疾風は、瞬間風速三五メートル、関東地方のあちこちの飛行場に待機中の飛行機を、二、三機ずつ破損や横転をさせた。一瞬にして起こった災難であったが、柏飛行場のみは、一機の損害も被害も出なかった。

東部軍管区の航空本部が、柏飛行場の被害皆無の状況を調査したところ、私たち柏観測所の通報により、完全に処置した結果に依るものと判明した。この一瞬の、観天望気の判断と適切なる処置が、陸軍気象部に伝言され、一週間後の一一日に、私たちが勤務する陸軍気象部柏気象観測所に、「所長以下職員の一致協力に依り、事故の皆無は絶大なる功績」として、陸軍気象部長の竹内善次閣下より名誉の表彰状が授与された。当時は、一機の飛行機でも重要であった。事故皆無の功績は、計り知れないほど大きかったのである。

航空機不足のため南に北に戦況日に日に悪化しつつある時の事故皆無は最高の栄誉であった。その表彰状は、終戦の昭和二〇年八月一五日まで観測所にあったが、その後の行方は杳として分らない。誠に残念である。


（陸軍気象史刊行会『陸軍気象史』昭和六一年刊から転載、数字表記は変更）

✈米軍機に狙われた飛行場

小山二郎・蒲田明・高坂米吉・鏑木繁の各氏

江戸川台東自治会『水道塔があった街～住宅団地江戸川台の三〇年』（平成四年刊）の座談会「柏飛行場の界わいのこと（開拓部落で生れ育った四人の思い出話から）」より一部抜粋（数字表記は変更）。座談会参加者は、小山二郎（大正一三年生まれ）、蒲田明（昭和二年生まれ）、高坂米吉（昭和六年生まれ）、鏑木繁（昭和七年生まれ）の各氏。また、聞き手は山本文男氏（同誌編集委員）。いずれも当時、流山市江戸川台在住。

米軍艦載機に撃たれる

高坂　終戦の頃は高等科一年。空襲が激しいので休校が多かった。姉が撃たれた昭和二〇年七月一〇日も休みとなり家の手伝いをしていました。姉二人と兄嫁と僕と四人で麦刈りをしていたんです。いまの江戸川台東一丁目から一〇〇メートルぐらい先の畑です。西原一丁目のところが谷田（やつだ）で、その先にうちの畑があって、脇にこんもりした杉林があった。

僕と兄嫁が、刈りとった麦を運んだリヤカーを引いて帰って来て、畑まで五〇メートルぐらいの所に来た時、機銃掃射がバリバリと始まった。麦刈りをしていた姉二人は杉林に逃げこんだ。艦載機が五・六機、襲って来たんです。

運の悪いことに、畑の五〇メートル先の掩体壕に、飛行機が隠してあったんです。それを目掛けて襲ってきたんですが、その流れ弾にすぐ上の姉（注＝伊藤うめさんで、当時一九歳）がやられた。ものすごい悲鳴でした。すぐ分廠の病院にかつぎこんだ。弾は腹から入って後ろへ抜けていました。そこで息を引取りました。

――この辺りは戦場だったんですね。

高坂　ロケット弾も姉たちの一〇メートルほど奥に二、三発撃ちこんできた。それで杉林の木が吹っ飛びました。機銃掃射もすごいもので、弾が当ると、一〇センチぐらいの杉の木は二つに割れちゃいます。

民間の犠牲者は私の姉と花野井で一人やられたと聞きました。飛行場の中では兵隊さんが随分やられた。格納庫の上に機関砲を据えつけて対抗してやったわけですし、この近辺には高射砲の掩体壕がいっぱいあった。

小山　あのグラマンに対して高射砲は通じないんです、低空すぎて。松山の木すれすれに飛んできますからね。

――掩体壕はどのくらいあったんです？

小山　大体一五〇カ所ぐらい。誘導路にそって松山の至るところにあった。飛行機を隠すにはいい松が生えていたんです。

高坂　私たちが機銃掃射をうけたところは誘導路の一番外れで、一番大きな双発の飛行機が隠してありました。

小山　あれは「キ45」といって重戦闘機。

――誘導路はどのくらいの幅ですか？

高坂　たしか三〇メートルぐらいでしょう。

小山　飛行機が二機以上並んで通れる幅でした。戦闘機はそんなに大きくないから、まあ一五間で、三〇メートル道路だったでしょう。誘導路は臨機応変に作られていった。地主さんから土地を強制的に提供させましたね。

　東三丁目に「江戸川台フラット」というマンションがあります。そこにあったナラ山を向うから斜につっ切って誘導路が通っていた。三丁目の中を通っていたことになります。

　大青田方面にも、誘導路が走っていて、掩体壕もありました。今のゴルフ場には防空壕をつくって、燃料庫でした。

高坂　江戸川台東一丁目の今の私の家から五〇メートル先の谷田（やつだ）に日本の鐘軌（しょうき）という戦闘機が落ちました。グラマンを迎撃するために三機ばかり飛び立った。その中の１機です。上から狙われるのだからたまらない。

　行ってみたら田圃の中へ完全に埋まっていた。大きな穴があっても何も見えない。人間は確かに飛び降りたのを見たというので、友人と二人で探しに行った。今の私の家のそばの林に中に半身埋まっていました。高度三〇〇メートルぐらいですからパラシュートが開かないで、地上に激突したわけです。姉がやられた畑の方には双発の戦闘機が練習中に墜落しています。

　一五年程前に、田圃の中に埋まっていた鐘軌を掘り起こしました。

小山　伊勢原のうちの方は畑地で田圃を埋めたいまの駒木台団地の辺りまで行かないと、田圃はない。子供の頃、田植えの時に、どじょう、ふなを捕りに行ったものです。

　夏は、畑と山林（やま）に、くつわ虫やスイッチョを捕りに行った。お盆の赤い提灯を持っていって、虫を捕った記憶があります。

私が小学校五年ぐらいの頃から、十余二の飛行場が建設されはじめた。最初は山林の木を全部切り、土地を平にするのに、人間の押すトロッコや、エンジンをつけて二〇両ぐらいひっぱる機動車を見た。格納庫、兵舎、滑走路、射撃場をつくるために、たくさんの人が働いていたのをよく見ました。

私の学校からも、高学年の生徒は飛行場へ勤労奉仕に行って、組の親方からもらったお金を貯めた。また夏休みに草を刈り、それを干して流山糧秣廠に買上げてもらったお金を貯めました。そして、学校が二宮金次郎の銅像をつくったとき、その資金の一部に充てました。

野田線の沿線ですから、電気が入ったのは比較的早かった。昭和一三年から一六年頃。もう少し早かったかな。それまではランプの生活でした。

鏑木　うちは農家もやってましたが、家が博労なので、馬にトロを引かせる馬ドロをお袋が請負ってきて親父がやってました。レールのトロッコを馬でひっぱるのです。一番最初の仕事は、十余二の飛行場でした。

陸軍航空分廠のこと

小山　私は学校を卒業すると、柏陸軍航空分廠に勤務した。そこでの仕事は、柏飛行場にある第五戦闘隊を始め各部隊の戦闘機と、そこに属する車両の整備や修理などです。そこへ昭和一五年に特別見習ということで入り、午前中は学科で、午後実習という訓練を六カ月やった。各部門を二カ月ぐらい全部やりましたね。工作機械からエンジン関係、機体関係まで全部やりました。

当時は一九歳で徴兵、私は立川航空隊に入隊しました。軍事教育後、運よく柏に配属になった。そうしたら立川が爆撃で全部やられた。命拾いしたねと、皆にいわれました。

こちらへ帰って来たのは五月ですから、終戦間際のことはよく知っているのです。「空襲！」というと一三ミリの機関砲をかついで、二人一組で壕へもぐって、敵機を掃射するんです。
航空廠関係と戦隊の格納庫は、一五キロぐらいのロケット弾をおとされた。終戦間際の七日から一四日まで、空襲も毎日のようでした。
終戦になると米軍が入ってきて、飛行機から小銃に至るまで全部、ダイナマイトで破壊した。航空廠関係で、工作機械の一部が民間の平和産業に払い下げられた他は、すべて、きびしく焼却されました。

鏑木　終戦になってから一〇機ぐらい戦闘機が飛んでどこかへ行ったんだけど、あれ帰ってこないんじゃないか。

小山　終戦間際には、本物の最新鋭機は誘導路先の掩体壕の中に隠してあった。飛行場の中には木の模型飛行機をおいてあったんです。

鏑木　秋水という三角翼のロケットがあったでしょ。あれが飛んだのを二回見ましたよ。黄色い飛行機でした。

小山　あれは上がるだけ上って降りるのは滑空で降りてくる。あれが飛ぶときはガラスがビリビリとすごいんです。

鏑木　あれが飛んだのを見た人は少ないでしょうね。

小山　今でいうとジェット推進でまっすぐ上って行って、上空で敵をやっつけて、降りるときは滑空で降りてくるんですが、燃料は過酸化水素といって、空気を通してエンジンにいれると爆発するんです。それを利用して上っていく。大体、弾丸のように上る。

鏑木　尾翼のない飛行機、ドイツのロケット技術を取り入れたものらしい。

小山　若柴の交差点を通過していくと花野井の交差点がありますね、あの先に団地が出来ましたが、あの東急ビレッジの入口にまだコンクリートの壕が残っています。あの壕は秋水の燃料庫だった。すごく危険な燃料でした。

初石にB29が落ちた

蒲田　私はいまの西原小学校の前で生まれ育ったんです。戦争中、あの辺は山林の中で、初石の駅まで行くのに、途中に農家が一軒あっただけです。初石駅から旧飛行場の正門まで、いまの守谷街道には、五・六軒の農家があるだけの淋しい所でした。

牛を引っぱって畑に行ったとき、高射砲の破片ですかね、しゅるしゅるっと、音を立てて傍の草むらにつきささって、びっくりしたことがありました。

初石にB29が、五・六反の山林をなめて落ちた時は、みんな見に行きました。その時、米兵がパラシュートで江戸川のふちに降りたんです。

小学校は田中小ですが、三年生まで飛行場の中にあった分教場に通いましたね。高等科を出てから、東京の田端の工業学校に通って、そこを出てから柏の日立製作所に勤めました。

戦争が終って、工場が閉鎖され、仕事がなくなりました。十余二飛行場の飛行機にガソリンをかけて燃やすアルバイトをしました。

――米軍は民間人を動員したんですね。

蒲田　その燃やした飛行機の残骸などをトラックに積んで豊四季駅まで運んで、そこで貨車に積み込んでどこかへ運びましたね。私たちはカン詰とか、長靴、衣類などを、藪の中へ放り投げておくんです。帰りは歩きで、それを拾ってくるんです。そんなことをしていました。

その仕事のあとは、材木を運ぶ車力をやり、それも無くなって、宮川さんのところにあった清水メガネに勤めたんです。私とメガネの出会いです。三年勤めて独立しました。

✈小学生の見た戦争と柏飛行場

M・K氏（昭和一〇年生まれ）

柏飛行場開設、身近にあった戦闘機

私は田中村西原で育ち、小学校四年のときに終戦を迎えました。一年・二年のときは法栄寺（現、流山市駒木台）の本堂の隣にあった分校に行き、三年から八木北小学校に通いました。中学校は終戦後、田中飛行場（以下、柏飛行場）の中にあった兵舎が八木北新制中学校となり、私はそこを卒業しました。

現在、県道守谷流山線を「守谷街道」と呼び、古くからある道と思っている人が多いですが、この道は戦争のときに整備されたもので、古くからある守谷への道は流山から現在の西原、伊勢原、大青田、そして小青田、船戸へと続く道です。

飛行場起工式は昭和一三年一月で、建設のときに砂利など資材を運ぶ軽便鉄道（トロッコ列車）が運河駅から飛行場まで走っていました。うちの山も関係していたので、祖父に連れられて工事を見に行ったことを覚えています。その軽便鉄道がいつまであったか明確には分かりませんが、昭和一九年の夏に西誘導路ができる前にすでになくなっていました。その線路跡の一部を誘導路にしました。（第四章10の「飛行場

建設用軽便鉄道」参照）

飛行場ができたとき飛行場開きがあり、竹ひご製の模型飛行機を買ってもらいました。私は大人になってから趣味で飛行機に乗っていましたが、子供の頃から飛行機がとても好きでした。最初は「赤とんぼ」と呼ばれる黄色い練習機が二機だけ飛んでいて、そのうちにいろいろな飛行機がやって来ました。今の名称でいうと、97戦闘機、飛燕、疾風、隼…。戦況が悪化すると飛行機を場外に隠したため、この地域の林(やま)の中には飛行機がたくさん置いてありました。家の年寄りがよく「新しい飛行機が来たぞ」と教えてくれ、すぐ見に行くと、先のとがった飛行機や真っ黒い飛行機があって。兵隊も相手が子供だったからでしょうか、「この飛行機はこうだ」とか「これは敵機を落としたんだ」など教えてくれました。機体の先の方に「丸特」と書かれた飛行機もあり、特攻用かなと思いました。いろいろな種類の飛行機が来て、あっという間にいなくなるものもあり、多くの戦隊が出たり入ったりしているようでした。

柏飛行場と付近の村の境は、南側は土手が、西側は野馬土手や道路がありましたが、北側は柵などない野原でした。ただ、「ここから飛行場」ということは分かりましたし、「ここからは入っちゃいけない」という感覚もありました。

飛行場は戦争中拡張工事をよくしていて、最後の頃も「三六町」と呼んでいたあたりを工事する計画でしたが、人手がなくそのままになったという話を聞いています。

誘導路・掩体壕・秋水

西誘導路はうちの家のすぐ横を通っていました。流山の新川村の人などが勤労奉仕で、昭和一九年の八月か九月頃につくりました。畑のサツマイモが九月になれば売れるのに、その前に道になったのでよく覚えています。側溝があって土を盛っただけの、小砂利や砂の道。正確に一二間（約二三メートル）あったかどうかは分かりませんが、「一二間道路」と呼んでいました。もともとあった道を拡幅した部分、畑の中に新しく敷設した部分、軽便鉄道の線路跡を転用した部分でできた道でした。

こんぶくろ池の方の東誘導路には小学校の先生に連れられて、松の枝を植えに行きました。上空から見ると誘導路は目立つからと、五〇センチメートルくらいの松の枝を道の両側に挿していくんです。ただ、実際艦載機などが来たらすぐ上空を飛んでいたので、掩体壕も誘導路もすぐに見つかるだろうと、子供心に思ったものでした。

西誘導路で、私が覚えているしっかりした土手がある掩体壕は三カ所ぐらい。土手に木をたてて偽装網を掛けたりしていました。ただ、土手もなく、木を伐採しただけでその下に飛行機を隠す、つっこんでおく形が多かったです。最後はこのあたり一帯飛行機で埋まっていた、という感じでした。壊れた飛行機もありました。

西誘導路の出入り口の近くの林の中に、秋水の練習機があったのを見ました。黄色いのが一機、林の中で、偽装網をかけただけの状態で置かれていました。飛ぶのも見たし、グライダーでヒューっとすごい音がしました。

基地の中の村

この地域は基地の中にあるようなものでした。うちの家には七〇坪の草ぶきの離れがあり、下士官クラスの兵隊がよく泊まっていました。すぐ近くの林を整地して建てた建物に「探照灯分隊」（照空分隊）がいて、夜頻繁に訓練をしていました。近くの大人は、一七～一八歳だった兵隊を我が子のように扱っていて、兵隊も「夜中にする訓練を見にこいや」と。実際に見に行き、軍の演習とはすごいなと思ったものです。

小学校へ行く途中に、機関砲の修理をする分隊も地面を少し掘ってベニヤで屋根をつくった「半地下」を林の中につくり、そこで作業をしていました。終戦後、機関砲の弾が残っていたとも聞きました。

誘導路ができてからは、整備兵が三〜四人ついて、朝、戦闘機を林の中に隠しにいきます。夕方には飛行場に戻すのですが、「坊、手伝ってくれ」と言われ、「ワッショイ、ワッショイ」と飛行場の入り口まで一緒に押していったこともあります。最初の頃は自動車を使って引いていましたが、途中から人力のみ。おとりの木製の飛行機も誘導路に沿った場所などに置かれていました。

B29が落ちたことはよく言われますが、日本の飛行機も落ちました。鐘馗、屠龍、隼…行ってみるとパイロットは死亡、もう一人も大けがということもありました。最初の頃は後始末されていましたが、最後になると飛行機の残骸などそのままでした。

地域のお年寄りの人たちの「防衛隊」が毛布一枚抱えて一週間ぐらい、学校に住み込むことがありました。子供は教室をとられるから、あまり勉強もできません。空襲警報が鳴るとすぐに帰宅。終戦前は艦載機が山ほどやってきて、ケヤキが風圧でバリバリと音をたてました。ラジオもつけっぱなしで、「情報、情報。今、佐倉上空」という放送があると、敵機はすぐこちらにきます。そうすると柏飛行場から飛行機がぱっと上がっていきますが、P51なんかがやってきて、パンパンパンとやられて落ちてしまう――機銃掃射もとてもひどかったです。

終戦直後は、アメリカ軍が来てどうなるかが分からず、やはり皆おびえていました。少しして、戦災で住む家がなくなった兵隊や、農家の二男・三男が入植で飛行場跡地の開墾を始めました。給水塔の水を利用して、大きなU字溝で水を張り、井戸も掘って陸田にしようとし、大きなディーゼルエンジンを設置したりしましたが、やはり大変でした。
この辺りが落ち着いたのは朝鮮戦争の頃でしょうか。飛行場も今は大きな公園や住宅街になり、すっかり変わってしまいました。

（平成二四年四月一七日、六月二九日、聞き取り：浦久他一名）

✈日立柏工場に動員された銚子商業学校の生徒たち

銚子商三三回生六人、同三五回生四人

三三回生（当時五年生）は千葉県学徒動員第一号として昭和一九年五月一日に、三五回生（当時三年生）は同年八月二二日にそれぞれ柏工場に動員された。五年生は二〇年三月三一日の卒業と同時に動員は終了したが、一部の人は銚子商業技術員養成所で研修の後柏工場に就職して終戦をむかえた。三年生は終戦の翌日帰省した。なお、三四回生（当時四年生）は横浜ヨット銚子工場へ動員されているので柏へは来ていない。

五年生で予科練へ行った人以外は全員、三年生も全員召集された。それぞれ鉄道で銚子駅から成田駅、我孫子駅を経由して入寮した。五年生入寮時には工場は操業していた。銚子商業は東台西寮と呼ばれる宿舎に入った。一部屋一五畳で一〇人以上、天井はなく襖は木枠だけだったという。また三段の押入れがあり、そこで寝ていた人も多かった。またノミ・シラミが大量に発生して対策に苦慮していた。風呂がなく駅前の風呂屋まで片道三〇分以上もかけていたこともあった。煙草は半数以上の生徒がしており、処罰されたこともあった。

各学校から教師が派遣されていたが、三人だったので統制のしようがなく、生徒の要求を受け入れるばかりだった。喫煙や飲酒も暗に認めていた。教師室の当番があり舎官室に詰めたが、その際生徒は食事の引換券に判を押して余分に配給を受けていたという。松戸高女の斎藤先生は評判が良かった。

通常の倍の配給（米五合）があると聞いていたが事実ではなく、五年生は布施弁天に立てこもって食事改善のストライキをおこなった。ストライキをしたのは銚子商だけで、桐生高専生徒が扇動したらしい。憲兵はその時不在だったらしく、工場ではこの事実をもみ消そうとしたそうである。

昭和二〇年になると藷ばかりになり、特産のネギとニラのおかずが多かった。そのため物品倉庫から食糧・酒類・タバコなどをしばしば持ち出し、三年生が五人処分されたそうである。また銚子が比較的食糧豊富であったことから差し入れがしばしばあり、野外でひそかに調理していた。それが原因で一度火災となり大騒動となった。周囲の畑から作物を取ってくることもしばしばで、皆で分け合っていた。罪悪感はなかった。

概して食糧事情は極めて悪く、インキンやカイセンになる人も多かった。チフスや天然痘が流行したこともあった。

休日は月に一日程度だった。休日になると駅前の食堂でソバやカレーライスなどをひそかに食べていた。手賀沼で貝を取ってきたこともあった。五年生は初めのうちは野田や浅草に出かけたこともあった。慰安会では有名芸人が来たこともあった。また二泊三日の帰省が許可されることもあったが、昭和二〇年になると切符の入手が困難になった。栄養が改善するためか、帰省すると健康状態が好転した。

工場の正門は水戸街道沿いにあった。敷地は二〇万坪ほどであった。五年生が動員されたころは常陸亀有工場の分工場で、その後独立した。また、二〇年に空襲に対応するため地下式の工場を建設した。柏駅までは結構距離があった。

二四時間三交代制で操業していた。動力は電気モーターであったが、電気は優先的に割り当てられていたようで停電はなかった。旋盤は八尺旋盤と呼ばれるもので、相当大きかった。工作機械は殆どドイツ製で、シーメンス社のものもあった。当時銚子にはない機械ばかりで、最高級のものだった。

当初熟練工は半数位だったが、三年生が来たころには徴用などによりいなくなっており、ほとんど動員学徒ばかりになった。工場の青年学校で訓練を受けた。技師から一週間くらい研修を受け、すぐに作業を開始した。研修の内容は非常に高度だった。

航空機の燃料噴射ポンプを製造していた。外見上から陸軍は丸型、海軍は列型と呼ばれていた。千分の一から二千分の一の精度が要求され、不良品ばかりだった。完成品となるのは一割程度であったが、許容範囲内であれば出荷していた。ポンプの検査のため潤滑油を大量に使用しており、在庫は豊富だった。また検査は通っても二割ほどは出荷できなかった。

当時の噂では陸軍は天山、海軍は呑龍に使用されているということだった。海軍のものは使用されたが、陸軍のものは使用されなかったという。概していえば、熟練工にしか作れない製品で、中学生にはかなり難しかった。

男子学生はバルブの焼き入れ、自動旋盤での原料加工、穴あけなどを行っていた。女子学生は各部品を組み立てる作業をしていた。桐生高専生は企画・研究などに携わっていた人もいたそうである。

日立には大別すると社員と雇員の区別があり、腕章で階級が判別できた。銚子商卒業生で就職した人は雇員であったらしい。社員は大学出身者などで、熟練工は雇員に属していた。また、陸軍からは監督官、海軍からは管理官が派遣されていて、六尺棒を持って監視していた。

銚子市が人口七万人もあったこともあって、人口五千人の柏町は閑散としていて寒かったという感想が大部分である。工場の周りはほとんど畑か林だった。水戸街道沿いに家がある位であとは芋畑、藁ぶき屋根の家に驚いたという。

東葛中・松戸高女・野田農工は通勤であったが、他は学校ごとに寄宿舎生活であった。近隣の高等小学校生徒も動員されていた。東葛中の生徒とはよく喧嘩をしたが、剣道の試合もした。

三年生は八月一六日にトラックで全員帰省した。五年生で就職していた人は一〇人ほど一〇月頃まで残っていた。終戦の二日後には誰も来なくなり、日本人の手で施設に赤紙が張られ、従業員は盗難対策のための管理の仕事をしていた。一か月ほどのちには、一部で旋盤を使ってジュラルミン製の鍋・釜を作っていた。

（平成九年一月六日、場所：銚子市役所会議室、聞取り：上山・栗田他）

第六章　その後の柏飛行場

上山　和雄

敗戦と米軍の進駐

アメリカの艦載機による空襲が始まり、さらに本土がＢ29の爆撃範囲に入り空襲が頻繁になると、軍部だけでなく多くの人々にも本土決戦が現実問題として意識され始めた。柏飛行場は帝都防衛のために拡張・強化され、九十九里は連合国軍の有力上陸地点と考えられ、当地域はそこから東京に進撃するルートの一つと想定された。決戦用部隊が配置され、既設施設の強化と新たな防御施設が建設され、当地域はまさに本土決戦の兵営と化していった。

東葛飾中学校生徒で日立製作所柏工場に勤労動員されていた小熊宗克は、米軍が九十九里に上陸するといったうわさが流れ、職場の雰囲気がそわそわしている様子や、戦車で侵攻する敵を阻止するには、地下壕の中に爆弾を抱えてひそみ「敵戦車に体当たりする肉弾攻撃以外にない」と肉弾攻撃の訓練を受け、「たとえ年少なりといえども皇土防衛、帝都の御盾となって敵に対さねばならぬ」との決意を日記に記している。また、東葛飾中学校生徒だった川本勝彦は、勤労動員先の陸軍航空廠柏支廠で戦局の悪化をひしひしと感じた様子を語っている（第五章）。

戦争中、田中村花野井の区長をしていた平川善之助は、昭和一〇年代から二〇年代にかけての地域の動きを詳細に書き残している。平川の日記により、戦局末期の飛行場と地域の関係を見てみよう。

戦局の悪化した一九年六月一二日には、飛行場に駐屯する第一一八部隊から勤労奉仕を申し込まれたのに対し、「唯今農繁期にて手も足も不足にて奉仕は困難と思ふが、目今は戦争遂行上止むを得ざること…一一八部隊は田中の地元にて誠に困り」と、進出時には地域の有力者として歓迎した飛行場部隊の存在を嘆いているのである。空襲警戒警報が毎日のように発令される中で、六月一六日以降頻繁に男女二五～六〇人に及ぶ勤労奉仕隊を飛行場に出すようになった。当初は草刈り程度の作業もあったが、二四日には軍の申し出により花野井下高野に「壕」を掘り始めたところ、七月二日に「大大に山崩れ中止」したという。九日には第一一八部隊の中尉が出張してきて、間口二メートル、奥行き二〇メートル、深さ二メートルの壕一一個を緊急に建設することになり、一四日には完成させる。

八月一八日には「東部軍より若柴丸屋根工事場」への人夫申し込みに続き、一〇〇人、四五人の人夫・勤労動員の申し込みがなされる。一一月二五日の東京空襲以降、空襲警戒警報、空襲警報の発令が頻繁となり、一一月二八日には役場で「待避壕」の協議を行い、一二月九日までに五か所の待避壕を完成した。

二〇年二月一〇日頃から、田中村上空に敵機の飛来が頻繁となる。艦載機が房総沖から数機あるいは数十機単位で侵入し、飛行場や軍需工場などを攻撃した。三月四日には相模湾から侵入した敵機が松ヶ崎に焼夷弾を投下し、八戸一六棟が全焼し、空襲の後、不発焼夷弾一三本を回収する。三月一〇日の東京大空襲の際には、飛行場の高射砲がＢ29を二機「撃墜」し、乗組員のうち八人が死亡、生きていた三人をつかまえたという。Ｂ29の乗組員は一一人であるので、一機だけがこの地域に墜落したのであろう。四月一三日夜には富勢村寺山に爆弾・焼夷弾が投下され、火災になった。五月二九日の京浜地区空襲の日の日記には次のように記されている。

毎日敵機の来襲あります、今朝ありました、日々二回三回又は夜の来襲ありました、前九時四十五分頃はＰ51九十機静岡湾に侵入し京浜地区に侵入し……Ｂ三百機Ｐ三百機計六百機なり、京浜地区へ焼夷弾を投下し煙火盛んにして其煙東北地方迄も黒煙を発し丸で暮の日の様暗き日である、夕方になるも煙の黒きこと実に恐しき煙である

四月中旬には、「航空本部の工事」として一日一〇〇人前後の人夫を出しており、その賃金が五月八、九日に「若柴吉田山、第一一四部隊のガソリン壕堀人夫賃」と支払われていることが確認できる。

五月三一日には柏の憲兵隊から二人の憲兵がやってきて、「軍が強制的に勤労奉仕をやらせていると言って、不満を漏らしている人がいるということだが……」と、村人の動向調査にやってきた。それに対し平川は「此の辺では斯様なるものは見受けられません、我が部落にては話を聞きません」と答えたという。

八月一五日の敗戦の日には、「国民一般はまさに鼻をつまゝれし様の気持に、我等国民は一般に戦争昂揚し拡大したるも効なく落魄したり、一時気持悪るく気分が落したりしも大詔渙発の意を解し、唯々頭を下る斗りである」と記している。

二〇年八月一五日に戦争が終わり、三〇日に連合国軍総司令官マッカーサーが厚木飛行場に降り立ち、日本は占領下に入った。千葉県では九月三日に進駐軍が館山飛行場に降り立ち、第一一二騎兵連隊が館山航空隊基地に司令部を設置し、県下各地に展開する。左の史料は、柏を管轄下に含む松戸警察署から県知事に対する敗戦直後の柏飛行場についての報告である。八月三〇日頃に日本兵は武装解除し、約七〇人の将校・兵士が残務整理にあたっているが、兵士たちは早く帰郷したいという様子がありありと見えるという。米軍兵士は九月一一日、一五日の両日調査に訪れたが、米軍が進駐するか否か、なお不明であるとい

う。その後一〇月二〇日、すでに下志津に駐屯していた第一一二騎兵連隊の一部一〇〇余人が柏飛行場に進駐する。

前述した平川善之助の日記によると、二〇年一一月六日に警防団を通じて進駐軍から七日午前八時に二五人の動員通知があり、八日からの記事には三角兵舎などの廃材やトタン板の払下げの記述が続くので、一部の旧陸軍施設の解体工事が行われたのであろう。一一月一四日には団員三五人が「元飛行場に進駐軍の整備」のために動員されている。進駐軍は残されていた兵器や施設の接収や破却を行った後、長く滞在することもなく撤退していった。

※史料　敗戦後の柏飛行場に関する警察署からの報告

特高第四二号

昭和二十年九月二十一日

松戸警察署長

千葉県知事殿

将校の言動に関する件

〔欄外〕柏町東部五七二部隊には米軍の進駐なき模様なり

管下柏町所在東部五七二部隊副官平井中尉は、進駐軍及其の他に関し、左記の如き言動有之候条、此段及報告候也

記

一、当部隊は大体八月三十日を以て武装解除に成り、現在は将校四名、下士官六名、兵隊五〇名、合計七〇名〔ママ〕にて、兵舎と資材及事務整理に当つて居る状況であり、此等兵士は現役志願のみを残して居るが、志願兵も一日も早く復員したい様な態度が見受られる、尚当部隊に、米兵が九月十一日、全十五日二回に亘て乗用車も二台

を使用し訪問して、部隊設備其の他を帳簿に記載して帰つた、其の時私が、米軍に対して「当部隊に進駐するか又兵力は何程か」と尋ねたら、米軍は、其れは「二三日立つと又来るから其の時に申す」と答たが、大体は当部隊では兵舎が不足の様であつた、若し進駐すれば東部第十四部隊と当部隊の両部隊に進駐する様な模様も身受られた

二、現在の処では、当部隊は米軍の進駐するものか実際は決定した通牒も来て居ない関係上、私達も何の方針も立たず困つて居る状態である

（米国議会図書館マイクロ化資料　諜報関係公文書 MJ144 Reel-10）

飛行場の開拓

すべての組織も人々も、敗戦の余韻に浸っている余裕はなかった。行政機関は機密書類などを処分しつつ、戦後直後に生ずると予測される課題の解決に当らなければならなかった。その大きな課題の一つが、食糧問題であった。農林省では敗戦直後から戦後の食糧問題への対処方針を検討し、一一月初旬には「緊急開拓事業実施要領」を策定する。政府の方針を受け、千葉県でも独自に準備を進めていく。昭和二〇年八月三〇日の新聞には、食糧供給地の意味も持っていた植民地の放棄、植民地や占領地からの帰国、軍隊からの復員などによって「戦争中にもましてこれからの食糧事情は深刻になる」と予測し、練兵場や飛行場など軍用地として使用されていた土地が相当面積に上り、それらを集団帰農地として活用して食糧問題の解決にあたる方針を定め、農地・農具・資材などに加え、住宅用木材・資材なども斡旋し、七坪程度の簡易住宅を建てるという方針を定めたと報じられている（『毎日新聞　千葉版』）。

柏地域軍事施設の開墾

名　　称	総面積		建物(坪)	返還年月日	所管換年月日
	土地(町)	開拓可能見込面積(町)			
柏飛行場	215.0	201.7	5,929	20.12.29	22.10.2
第四教育航空隊	41.7	25.5	6,829		
鴻ノ巣演習場	30.9	16.6		23.8.10	
東部83・14部隊	42.9	22.6	7,638	23.8.10	
柏照空訓練所	0.9	0.9		21.11.19	22.10.2
田中秋水基地	9.1	9.1		21.12.18	22.10.2
富勢照空訓練所	0.2	0.2		23.4.7	
土村照空訓練所	0.1	0.1		23.4.2	

出典：農林省開拓局用地課「旧軍用地の実態調査」(昭和24年１月)

前述の「平川日記」によれば、軍用地の開墾は自然に始まっている。九月二二日に疎開していた罹災者の「百姓になります故宜敷と云ひまして、家を建てるに材料の配給を願ひまする」という申し出に対し、飛行場建物の廃材の配分を行っている。また九月二八日には、「十四部隊残留者が耕作中の字南花崎と前留の畑に、付近の人が無断立入作物を荒らしたるに付、隊より厳重に取締り相成る様の通牒」があったという。さらに一一月二八日には、「元飛行場の開拓の希望者ありたるものであるや否や、庚塚の演習場の土地開拓ありや否やの調査をすることの通知を出しました」という記述も見られる。これは、地元区民の開拓希望者調査であろう。

農林省の調査には、柏市内の開墾可能な軍事施設として八施設が挙げられている（上表参照）。田中秋水基地となっているのは、おそらく本書第三章に記した秋水用燃料庫なのであろう。飛行場に近接している航空教育隊、元高射砲第二連隊、鴻ノ巣の演習場はそれぞれ三〇〜四〇町歩と大きい。軍事施設はいったんすべて進駐軍に接収された後、不要な部分が返還されて大蔵省が管理する国有地になり、その中で開拓可能な土地が農林省に所管換えされ、その後開拓者に払い下げられるのである。飛行場跡地は最も早くその手続が進み、二二年一〇月には大蔵省から開拓用地として農林省へ管轄換えされた。

田中村の軍用地開墾は自然発生的に、疎開していた者、居残らざるを得なかった軍人・軍属、地域住民の希望者などによって始まったのである。『流山研究・におどり』第六号（昭和六二年）には、飛行場跡地の開拓に従事した蒲谷春吉さんからの聞き取りが掲載されている。蒲谷さんは昭和一二年に飛行機の整備兵として満州の航空教育隊に入隊した後、マレー半島を経て一七年に内地に帰り、調布、成増飛行場を経て一八年三月、柏飛行場に移り、敗戦まで飛行機の整備にあったという。戦後、工廠勤務からそのまま居ついた数人と共に、廃材払い下げ、開拓・入植許可を得る経過、飛行場跡地の開墾、二一年春からの耕作の苦労などが簡潔に記されている。また、『千葉県戦後開拓史』には、二一年一〇月、三歳の時に職業軍人であった父母と三人で飛行場開拓地に移り住んだ由井正枝さんの思い出が綴られている。

飛行場跡地開拓の明るい笑顔(昭和20年11月ころ)
(『歴史アルバム』)

前述の蒲谷さんの記述によれば、飛行場跡地への入植者は一二四人と記されているが、『千葉県戦後開拓史』には、富勢を除く柏市には利根（組合員二五人）、筑波（同二三人）、十余二（同二四人）、旭（同二〇人）、梅林（同一二人）の五開拓組合の名が記され、その組合員は合計一〇四人になる。飛行場跡地に利根・筑波・十余二の三組合があり、梅林は教育隊跡地と思われる。柏にはこれら以外にも演習場だった鴻ノ巣に二〇人、高射砲連隊跡地の高野台に一〇人の開拓組合があり、軍用地には一三四戸の開拓民が入っていたと思われる。

軍用地に入植した人々は、廃材の払い下げを受けて組み立てた、まさに狭いあばら家で身を寄せ合って生活していた。しかし『歴史アルバム　柏』などに掲載されている開拓民やその子供たちの顔は底抜けに明るく、生きる喜びにあふれているように見える。由井さんが「私の母にとっては終戦時からこの年［二六年］までが、一番幸福で平和な七カ年間であったと思います」と記しているように、激しい労働だったけれども、命の心配をせずに家族が身を寄せ合って暮らすことのできた時代だったのである。

しかしその平和は長く続かなかった。

トムリンソン基地から〝柏の葉〟へ

昭和二五（一九五〇）年六月二五日に朝鮮戦争が勃発する。困難な開墾を進め、ようやく収穫も安定しはじめていた柏飛行場跡地に、朝鮮戦争開戦直後に占領軍が進駐し、元の滑走路に幕舎を立て、通信部隊が活動を開始した。二五年には約五〇〇〇坪を通信所用地として接収し、翌二六年には五六万坪を接収した。しかし接収はしたが、事実上使用されないままの状態であった。旧日本軍の軍用地・施設は戦後占領軍がすべて接収し、不要なものは返還されていたが、朝鮮戦争の勃発によって占領軍は各地の軍事施設を再接収し、後方基地としていったのである。

講和条約の発効により、接収ではなく日米行政協定による提供施設に転換される。二七年一〇月一〇日、調達庁の課長が開墾地を訪れて農民を集め、旧飛行場地区の畑と山林一五〇町歩を買収することが日米合同軍事委員会で決定されたとの説明を行った。この買収案に対し、入植者は生活の全面的な否定になる所から、二七年、二八年と激しく反対した。こうした反対に対し防衛施設庁は、①一戸当たり年間三～四万円という当時としてはかなり高額の借地料を支払い、②さらに接収後も居住・耕作は従来通り可能、踏み荒らした場合は補償金を支払う、③開拓地への電気施設・灌漑設備の導入などの条件を示し、反対運動は次第に下火となり、二八年一〇月に条件を受け入れることとなった。

開拓地中央部に通信施設が建設され、一本一反歩ほどの広さを持つ通信用ポールが林立し、開拓地上空は蜘蛛の巣のようになったという。開拓地南部に基地が建設され、約六〇人の隊員が配置された。柏は通信状態が良かったため、朝鮮戦争終了後もキャンプ・ドレイク（埼玉県朝霞市）などと共に、米軍の重要な通信施設として使用された。昭和三〇年には、日本語の施設名は柏無線通信所であるが、朝鮮戦争で戦死した隊員の名前にちなみ、キャンプ・トムリンソンと命名された。

一方、占領軍による接収を免れた兵営地区には、昭和三一年航空自衛隊の通信業務を行う柏送信所（約二万坪）が開設されている。

前述の由井さんは当時の状況を、「開拓地の接収地区内全般にわたって、アンテナポールが林立し常に額の上に、何か覆いかぶっさっている感じを抱かされました」と記している。そのような圧迫感はあったが、生活が安定していたところに、再び昭和三七年、通信所建設と周辺土地の買収案が出てくる。開拓農民はこの提案に対し、通信施設の全面撤去か開拓地全体の買収かを要求することとなった。当時は池田内閣のもとで、東京オリンピック開催を間近に控えて高度経済成長が本格化しており、開拓農民の中でも土地を手放して外に出たいというものが半数近くに達し、結果的に買収地域と単価をめぐる条件闘争になった。蒲谷氏の話によれば土地を売ってよそに出た人は七九戸、十余二周辺に残ったのは二四戸であるという。

柏通信所の施設が拡張されたころから、米軍の通信手段が無線から海底通信ケーブルと衛星通信に代わり始めていた。軍事技術・米軍の極東戦略・米政府の方針などの変化によって在日米軍施設の再編計画が進み、昭和五一年には柏通信所の運用が正式に停止され、五二年九月には通信所の中心部を除く九五ヘクタールが返還された。しかしその一方で軍事に限定されない、米国沿岸警備隊によるロランC局設置構想などが出されて迷走を続けた。このような動きに地域では全面返還を求める声が高まり、また米軍の戦略

高射砲連隊跡の開拓地と旧兵舎(昭和32年頃)
(『歴史アルバム』)

拡張を重ねる柏駅駅舎(昭和45年頃)。46年に橋上駅舎となり、48年に再開発で駅前広場ができる。
(『歴史アルバム』)

に巻き込まれることに反対する革新団体の活動も活発化していった。こうした経過を経て、ようやく五四年二月、返還が通知され、八月一四日に通信所で沿岸警備隊極東支部司令官や東京防衛施設局長・県知事・市長らが出席して返還式が行われた。

昭和五〇年頃から通信所返還が現実味を帯びてくると、跡地利用問題が議論されるようになった。五一年には県知事を会長とする「米空軍柏通信所跡地利用促進協議会」が発足し、五四年には柏市が作成した跡地利用計画素案に基づき、配置利用計画案も作成された。国は米軍基地跡地利用に関して作成していた三分割方式（三分の一を地元自治体へ有償払下げ、三分の一を政府・政府関係機関用地、三分の一を保留地とする）に基づいて訂正を求め、五七年一一月に国有財産中央審議会から「柏通信所返還国有地の処理について」という答申がなされ、五八年一二月に都市計画が決定され、五九年三月に土地区画整理事業が公示された。

昭和六〇年に返還地区は「柏の葉」と命名され、一～三丁目が柏の葉公園住宅、四丁目が総合競技場・県民プラザ・十余二小学校、五丁目が東京大学キャンパス・東葛テクノプラザ、六丁目が千葉大学キャンパス・税関研修所・科学警察研究所・国立がん研究センター・県立柏の葉高等学校などとなっている。

旧陸軍の飛行場から開墾、占領軍による接収と通信基地を経て返却された地域は、計画的な開発によって整然とした区画と緑豊かな、新しい柏を代表する地域となった。飛行場敷地のうち、米軍に接収されなかったところには、保育園・養護学校・介護施設・スーパーなどが建ち、一部は住宅地となり、さらに十余二工業団地の一部ともなっている。また平成一七（二〇〇五）年に開業したつくばエクスプレスの柏の葉キャンパス駅周辺において、飛行場の一角を含んでいた柏ゴルフ場や畑・林からなる広大な地域の再開発が始まり、かつての飛行場とその周辺では、「柏北部開発」として大規模な開発事業が進められている。

従来から知られていた地域の変遷を物語るものは、野馬土手、秋水の燃料庫、航空自衛隊の通信用鉄塔などに過ぎなかった。しかし、再開発を機に飛行機の掩体壕や秋水の燃料庫、弾薬庫などの存在が明らかになっている。

【参考文献】

戦後開拓史編纂委員会『戦後開拓史』昭和四二年
千葉県開拓協会『千葉県戦後開拓史』昭和四九年
相原正義「一軍人の戦歴と柏飛行場への入植」『流山研究・におどり』第六号、昭和六二年
千葉県東葛飾都市計画事務所『柏の葉』(平成二年)

柏歴史クラブの活動記録

◎**平成二一（二〇〇九）年度**

五月一〇日　設立準備会議

六月一九日　柏市北部の戦跡めぐり

七月二六日　設立総会（中村順二美術館）

七月～　　無蓋掩体壕六基を確認

一〇月五日　「旧柏飛行場掩体壕等戦跡、及び現代史関係調査の要望書」を柏市長、教育長あてに提出

一一月八日　大井村の歴史散歩

一二月一三日　研究会「柏周辺の軍事遺跡について」

三月二一日　開墾碑めぐり

柏北部の戦跡めぐり

※会設立の前後、開発の進む柏市柏の葉周辺で、太平洋戦争時の無蓋掩体壕を見つける。昭和二〇年代の空中写真の分析、現地調査、聞き取り調査を実施し、六基を確認（そのうち二基はほぼ完全な形）。それらの掩体壕の保存を含め、柏市の戦争遺跡の調査と資料収集を求め、柏市・柏市教育委員会に要望書を提出した。

◎平成二二（二〇一〇）年度

四月四日　旧柏ゴルフ倶楽部場跡の調査で、秋水燃料庫を発見
四月二五日　講演会「小金牧の開墾―碑を建てる人々」「柏の近現代と地域史研究」
八月一日　手賀沼舟遊（遊覧船で手賀沼周辺の歴史を楽しむ）
八月八日　秋水燃料庫見学会
一〇月三〇日　講演会「柏飛行場と秋水―歴史と自然を活かしたまちを目指して」
二月二〇日　研究会「野馬土手と小金牧開墾」「通信基地跡地の開墾」
三月一日　要望書「柏市の文化財行政に関する要望」を柏市長、教育長宛に提出
※四月に、区画整理事業で閉鎖されていた柏の葉キャンパス駅近くの旧柏ゴルフ倶楽部跡（柏市正連寺）の現地調査で、秋水燃料庫三基を発見。全国紙などに大きく報道され、八月に市民対象の見学会、一〇月に講演会「柏飛行場と秋水」を開催した。

講演会「柏飛行場と秋水」

◎平成二三（二〇一一）年度

五月一五日　講演会「東葛唯一の首相―鈴木貫太郎の戦後」
七月三日　研究会「戸張一番割遺跡の話」
九月一五日　会報創刊号発行
一〇月二日　研究会「峠物語～中峠を中心に～」
一一月一三日　戸張一番割遺跡・見学会
一月二二日　柏飛行場の弾薬庫確認
二月一九日　研究会「郷土史あれこれ」
※柏飛行場の弾薬庫を二棟確認。地元でもほとんど忘れられた存在だった。建設時、人夫として働いた地元の人もみつかり、建設時の貴重な話もうかがった（口絵写真8参照）。

◎平成二四（二〇一二）年度

六月一〇日　講演会「手賀沼流域に生きる～戦国から現代まで～」（柏市教育委員会と共催）
八月二〇日　会報二号発行
九月八日　秋水燃料庫四号基調査（柏の葉周辺）
一一月一〇日　「手賀沼干拓を歩く」（柏市教育委員会と共催）
一二月一八日　根戸の高射砲第二連隊歩哨所保存のための寄付金二〇万円を柏市へ贈呈

秋水燃料庫調査

一二月二七日　歩哨所移設工事が行われ、児童公園に移設保存
一月一九日　研究会「東葛　養蚕　事始め」
※根戸の民家に保存されていた高射砲第二連隊の歩哨所が廃棄されそうになったために募金を呼びかけ、集まった二〇万円を柏市へ寄付。所有者のご協力、柏市・柏市教育委員会の尽力があり、高野台児童公園への移設、保存が実現した（口絵写真13参照）。

◎平成二五（二〇一三）年度

五月五日　こんぶくろ池自然博物公園内の掩体壕の笹刈整備に参加
五月一八日　講演会「近世房総の街道―柏地域を中心に―」「柏飛行場周辺調査のその後」
八月二五日　会報三号発行
九月二二日　講演会「鮮魚街道余話」
一月一三日　小金牧開墾を歩くⅡ～中野牧（初富）
二月二二日　シンポジウム「柏北部を街ごと博物館に―エコミュージアムの提案―」
三月一七日　戦争遺跡ガイドマップ「柏の戦争遺跡&柏の葉～花野井散策マップ」をつくり、市内小中学校などへ寄贈。市内各施設でも一般配布

寄付金贈呈の際、市長に戦争遺跡の保存・活用を要望

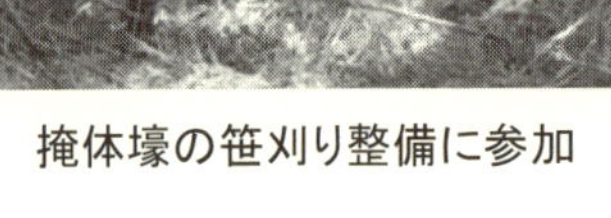

掩体壕の笹刈り整備に参加

※平成二五年度柏市民公益活動育成補助金（たまご補助金）の交付を受け、シンポジウム開催、戦争遺跡ガイドマップ作成、柏飛行場位置図パネル制作を行った。

シンポジウム

◎平成二六（二〇一四）年度

四月二六日　会員交流会

五月三一日　講演会「団地の歴史から考えること～常盤平・光ヶ丘・豊四季台団地を中心に～」

会の名前を「手賀の湖と台地の歴史を考える会」から「柏歴史クラブ」に改称

八月二〇日　会報四号発行

一〇月三日　要望書「柏市に残存する戦争関係遺跡の調査と保存のお願い」を柏市長、教育長あてに提出

一一月九日　講演会「弁栄上人」

一一月二二日　秋水燃料庫見学会（柏の葉周辺）

一月三一日　講演会「時代に翻弄された台地～下総航空基地周辺～」

※旧柏ゴルフ倶楽部場内の秋水燃料庫群はこれまでマウンドの下に埋まっていた。そのうち五号基の覆土がエリア整備のために取り除かれ、遺構全体を見る機会を得たため、市民対象の見学会を開催した（口絵写真7参照）。

（写真・まとめ　浦久淳子）

柏飛行場位置図

柏飛行場はどのような施設を持ち、どのぐらいの広がりを持ったものであったか。それを把握するために、会員の山田宏氏が「柏飛行場位置図」を作成した。それによれば、誘導路の広がりは予想以上で、北誘導路は現在の十余二工業団地へ、東誘導路は正連寺香取神社の辺りからやはり十余二工業団地へ、西誘導路は江戸川台三丁目あたりまで敷設されていたことがわかった。

西誘導路は広範囲で宅地となり、道路としては四分の一程度残っているのみであったが、聞き取り調査で裏付けもとれ、かなり正確な位置を示すことができた。北誘導路はインターチェンジや工業団地となり、聞き取りによる修正などはできなかった。なお、山田氏は平成二六年三月に逝去されたため、二三年記の作成メモを以下に掲載する。

柏飛行場は昭和一三年に完成した後も拡張工事を行っているが、飛行場位置図は戦後の空中写真を基にしたため、最終的なものと考えられる。拡張工事については第二章2の「柏飛行場の整備と拡張」を参照。

柏飛行場位置図作成メモ

柏飛行場建設は昭和一三年一月起工され、同一一月頃完成した。柏飛行場の位置・形状を復元するにあたって、資料となるのは地形図・航空写真・その他残存資料などである。

地形図は飛行場建設前の状態を示すものとして、昭和五年発行の二万五千分の一の「流山」と昭和六年発行の五万分の一の「野田」がある。飛行場の滑走路が図示されている地形図は、昭和二七年と三三年発行の二万五千分の一などがある。なお、現況の地形図としては平成一八年編集の柏市都市計画図（一万五千万分の一）を使用した。

航空写真では戦時中および戦後米軍が撮影した航空写真が多数あり、今回は昭和二二年、二三年撮影のものを位置図作成の主な資料とした。

その他資料として、『B29対陸軍戦闘隊』（山本茂男編さん監修、今日の話題社）所載の飛行場配置図と『平和へのねがい（増補版）』（柏市教育委員会発行）の飛行場本部の配置図と『鐘馗戦闘機隊』㈱大日本絵画発行）所載の柏飛行場内での写真などを資料として使用した。

作業手順は滑走路の形状が明瞭な昭和三三年の地形図と二二年の航空写真（複数の写真をパソコン上で合成したもの）とを、各々レイヤー（透明なシート）として重ね合わせた。地形図は背景を透過滑走路と飛行場の外形、道路、地形上の特徴（谷津、台地の縁など）を手がかりにした。滑走路の形状など意外に地形図と写真の間に差異がみられたが、広い範囲の合致を優先とした。その際、写真の縦横比を多少変更した。

その上に平成一八年の都市計画図を道路や地形上の特徴を基に重ね合わせた。出来上がった三枚のレイヤーのうち、まず昭和三三年の地形図を消して、航空写真を下敷きにし、都市計画図を参照しながら飛行場の外形、誘導路などを描いた飛行場レイヤーを作った。最後に航空写真のレイヤーを消して、都市計画図と飛行場のレイヤーとで飛行場位置図とした。

二〇一一年三月一日　山田宏

おわりに

「活動記録」にも記したように、「柏歴史クラブ」は平成二一（二〇〇九）年、「手賀の湖（うみ）と台地の歴史を考える会」として発足しました。柏や東葛地方が大きく変わった戦後の高度経済成長の時代を知ろうということに加え、古墳や牧、街道や手賀沼など、地域に残された史跡や自然を幅広く、楽しみながら学ぼうというコンセプトです。現在、地域全体をミュージアムと捉え、自然・歴史・民俗などを学びつつ保存し、それらをもとに地域社会の将来を考えていこうというエコ・ミュージアムの考えと活動が広がりつつあります。柏歴史クラブも、それに近い活動を目指しています。

取り組んでいる重点の一つは、東葛地方が大きく変化した太平洋戦争から高度経済成長を経て現在に至る時代です。この時代は、前の時代にくらべると変化が極めて激しく、人々の営みの跡は急速に消滅しています。私たちが活動を始めた頃には、既に柏、東葛北部は大きく変わっていましたが、ただ、開発が遅れていた柏市北部や流山市域に「つくばエクスプレス」が開通し、その工事と沿線の開発によって台地が掘り返され、まさに大地の中に埋もれていた人々の営みの跡が日の目を見ることになりました。

昭和五〇年代の常磐自動車道建設工事にともなって、旧石器・縄文時代など遺跡の存在が確認されていたため、北部開発に際しても古い遺跡の調査は行われました。しかし、人工物か自然か判断できない小丘や表層近くのコンクリートなどは、強力なパワーショベルで一撃されてしまうのが通例です。そうして再び埋もれてしまった多くの新しい「遺跡」もあったに違いありません。

活動の初期に、大きく変わりつつある柏北部の見学会を実施したところ、会員が次々に尋常ではない、人工的な「物」を発見していきました。市民団体はすべてそうなのでしょうが、「異才」というか、特殊な能力を持つ方が必ず存在します。当会もそうでした。そのうちのお一人が亡くなられた山田宏さんでした。山田さんや中津川督章さんなどの探究心と技術、柴田一哉さんの豊富な知識と行動力によって、飛行場、「秋水」にかかわる新しい事実が次々に明らかになっていきました。

さらに平成二五年には、地元で「馬糧庫」と言い慣らわされ、柏市西部消防署根戸分署として使われていた建物が取り壊されることになり、古い建物なので一応の調査を、と市が建築史家の金出ミチル氏にお願いしたところ、本書に紹介したように、高射砲連隊の重要な施設であり、完全な形で現存するものは他にないことがほぼ明らかになりました。

柏市や千葉県の文化財担当部局は、行政としての制約を踏まえながらも、私たちの活動を支援していただき、また私たちの申し出にきちんと対処していただきました。市民団体はいろんなことに手を付けることはできますが、大きな限界を持っていることはいうまでもありません。さらに飛行場に接する地域に残る、こんぶくろ池の保存に取り組んでおられるNPO法人「こんぶくろ池自然の森」の皆様には、掩体壕の調査・保存に際して大きな手助けをいただいています。また、会員が調査や聞取りに訪れた際には、多くの方がたが積極的に応じてくださり、当会の活動が新聞などで報じられると、何人もの方がたからさまざまな情報をいただきました。お名前を挙げることはできませんが、こうした皆様に心から感謝申し上げます。

さまざまな組織や団体、多くの方がたのご援助を受けながら、多くはない会員の皆さんと共に、地域に学びつつ、明日の地域、コミュニティを創る営みを、息長く続けていきたいものと考えております。

上山　和雄

〔全体にかかわる参考文献〕

柏市『柏市の概要　昭和三一年版』柏市商工会観光協会、昭和三一年
千葉日報社『福井部隊の血戦記』昭和三八年
柏市史編さん委員会『柏市史年表』柏市教育委員会、昭和四五年
小熊宗克『死の影に生きて』太平出版社、昭和四六年
下志津（高射学校）修親会編『高射戦史』田中書店、昭和五三年
柏市史編さん委員会『続柏のむかし』柏市役所、昭和五六年
柏市立平和研究所『平和へのねがい』（増補版）、柏市教育委員会、昭和六三年
小野英夫他『軍都「柏」からの報告（1）〜（4）』私家版、平成三〜六年
東葛市民生活協同組合戦争を記録する会『せんじかのひとびと―東葛・戦争の記録―』平成七年
柏市史編さん委員会『柏市史　近代編』柏市教育委員会、平成一二年
上山和雄編『帝都と軍隊―地域と民衆の視点から―』日本経済評論社、平成一四年
千葉県歴史教育者協議会編『学校が兵舎になったとき』青木書店、平成一六年
柴田一哉『有人ロケット戦闘機　秋水』大日本絵画、平成一七年
千葉県史料研究財団『千葉県の歴史　資料編　近現代3』平成二〇年
山形紘『流山近代史』崙書房、平成二〇年
鎌ケ谷市郷土資料館『鎌ケ谷市史　資料集17　近・現代聞き書き』鎌ケ谷市教育委員会、平成二〇年
栗田尚弥「東葛地方の航空隊と『帝都』防衛①②」『鎌ケ谷市史研究』第23号・第24号、平成二二・二三年
鎌ケ谷市教育委員会『鎌ケ谷市史　資料編Ⅳ・下』鎌ケ谷市、平成二五年

執筆者紹介

上山 和雄（うえやま かずお）
1946年生まれ、柏歴史クラブ代表、柏市史編さん委員、野田市史編集委員、國學院大学教授。
『帝都と軍隊―地域と民衆の視点から―』（編著、日本経済評論社、2002年）、『北米における総合商社の活動―1896～1941年―』（日本経済評論社、2005年）、『歴史の中の渋谷』（編著、雄山閣、2011年）。

栗田 尚弥（くりた ひさや）
1954年生まれ、沖縄東アジア研究センター主任研究員、野田市史編さん委員会専門委員、鎌ケ谷市史編さん事業団団員。
『上海東亜同文書院』（新人物往来社、1993年）、『地域と占領』（編著、日本経済評論社、2007年）、『米軍基地と神奈川』（編著、有隣堂、2011年）。

櫻井 良樹（さくらい りょうじゅ）
1957年生まれ、麗澤大学教授、野田市史編さん委員会専門委員。
「佐原市内の戦争関係碑を見る―現況紹介―」（『佐原の歴史』４号・５号、2004・2005年）、「鈴木貫太郎日記（昭和21年）について」（『野田市史研究』16号、2005年）、『辛亥革命と日本政治の変動』（岩波書店、2009年）。

柴田 一哉（しばた かずや）
1961年生まれ、秋水会事務局員、東京都西東京市在住。
「有人ロケット『秋水』と伊号第29潜水艦」（『伊呂波会　三十五周年記念誌』2004年）、『有人ロケット戦闘機 秋水―海軍第312航空隊秋水隊写真史』（大日本絵画、2005年）、『鍾馗戦闘機隊―帝都防衛の切り札・陸軍飛行第70戦隊写真史』（共著、大日本絵画、2008年）。

吉田 律人（よしだ りつと）
1980年生まれ、横浜開港資料館調査研究員。
「軍隊の『災害出動』制度の確立」（『史学雑誌』第117編第10号、2008年）、「関東大震災における軍事動員と非罹災地の動向」（『軍事史学』第48巻第１号、2012年）、「平時における政軍関係の相克」（『日本歴史』第801号、2015年）。

浦久 淳子（うらひさ じゅんこ）
1958年生まれ、柏歴史クラブ事務局長、地方新聞社記者を経てフリーライター。
『柏の歴史よもやま話』（共著、崙書房、1998年）。

小林 正孝（こばやし まさたか）
1950年生まれ、元柏市役所職員。

柏（かしわ）にあった陸軍（りくぐん）飛行場（ひこうじょう）
――「秋水」と軍関連施設――

2015年 5月20日　第1刷発行

編著者
上山（うえやま） 和雄（かずお）

発行所
㈱芙蓉書房出版
（代表 平澤公裕）
〒113-0033東京都文京区本郷3-3-13
TEL 03-3813-4466　FAX 03-3813-4615
http://www.fuyoshobo.co.jp

印刷・製本／モリモト印刷

ISBN978-4-8295-0648-6